彩图1 | 彩图2
彩图3 | 彩图4

作者：马蒂斯（法）

作者：王东春

作者：张连生

彩图5	彩图6
彩图7	彩图8

彩图9	彩图10
彩图12	彩图11

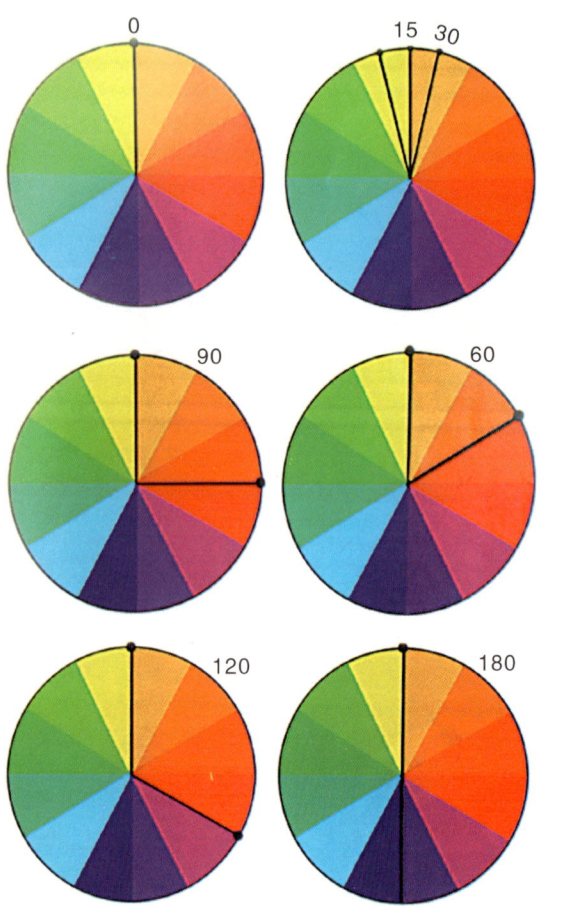

彩图13 | 彩图14
彩图15

作者：霍夫曼

作者：郭振山

作者：威涅齐亚诺（意）

彩图16	彩图17
	彩图18

作者：高更（法）

作者：克里姆特（奥）

彩图19

彩图20

彩图21

作者：夏镜湖

彩图22

作者：列维坦（俄）

作者：弗拉芒克（法）

作者：张文恒

作者：莫兰迪（意）

作者：王东春

彩图23	
彩图25	彩图24
	彩图26

作者：巴尔蒂斯（法）

作者：蒙德里安

作者：高柏年

作者：张蕾

彩图27	
彩图30	彩图28
	彩图29

作者：郭振山

作者：倪建明

彩图31	彩图32
彩图34	彩图33

作者：西涅克（法）

作者：莫雄

作者：王东春

作者：邬烈炎

作者：康定斯基(俄)

彩图35

彩图36

彩图37

作者：莫雄

作者：夏加尔（俄）

作者：郭振山

彩图38	彩图39
彩图40	
彩图41	

作者：米罗（法）

彩图43 | 彩图42
彩图44

作者：卢梭（法）

作者：康定斯基

作者：蒙德里安

作者：克里姆特(奥)

彩图45	彩图47
彩图46	彩图48

作者：毕加索(西)

作者：王东春

作者：吴东樑

作者：吴东泉

作者：王东春

彩图53	彩图52
彩图54	

作者：朱敦俭

作者：张雪茵

彩图55　彩图56
彩图57

作者：邱玉祥

作者：王东春

	彩图58
彩图59	
彩图60	彩图61

彩图62

彩图63

彩图64

作者：王东春

彩图65

彩图66　　作者：王东春

作者：希施金(俄)

作者：盛梅冰

作者：盛梅冰

彩图67

彩图68

作者：王东春

作者：朱敦俭

作者：周诗成

彩图69	彩图71
彩图70	
	彩图72

作者：李宗儒

彩图73

彩图74

彩图75

彩图76

作者：杨洁

作者：博尔迪尼(意)

作者：周诗成

作者：王东春

作者：盛梅冰

作者：朱敦俭

作者：李宗儒

彩图77	
彩图78	彩图79

步骤一

步骤二

步骤三

彩图81 ─ 彩图80
彩图82
彩图83

作者：吴国祥　完成图

作者：奥谢特洛夫（俄）

作者：唐文

作者：高冬

彩图84	
彩图85	彩图86

作者：杨云龙

作者：郭连训

彩图87
彩图88　彩图89
彩图90

作者：章德甫

作者：徐坚

彩图91

彩图92

作者:唐文

作者:柳毅

作者:鲁兵

彩图93
彩图94
彩图95

作者:葛震

作者:平龙

作者:冯信群

作者:杨云龙

彩图96
彩图97
彩图98

彩图99	彩图100
彩图101	彩图102
彩图103	

作者:钱洪兵

作者:李升权

作者:徐坚

作者:郭连训

彩图104

彩图106 | 彩图105

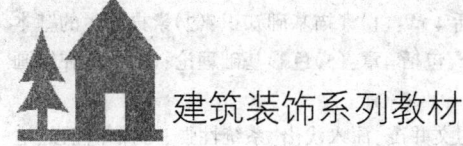

建筑装饰系列教材

美 术

王东春　马宝康　主编

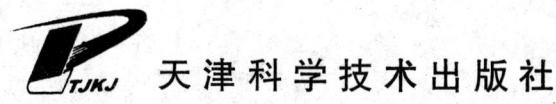

天津科学技术出版社

内 容 提 要

本书系"建筑装饰系列教材"之一。

本书分上、下两篇，共计8章。上篇——素描部分，包括4章：(1)素描基础知识；(2)素描写生的基本方法；(3)素描写生练习；(4)风景写生。下篇——色彩部分，包括4章：(5)色彩基础理论；(6)色彩在绘画中的应用；(7)水粉画表现技法；(8)水彩画表现技法。

本书具有体系完备、结构新颖、语言精练、内容翔实、图文并茂、深入浅出、系统性强、可操作性强、适用面广等特点。

本书系高等院校和高等职业技术学院建筑装饰专业通用教材，同时亦适用于室内装饰、室内设计、装饰装潢、广告装潢、美术装潢等专业。此外，还可作为建筑装饰企业岗位培训教材和有关人员的自学用书。

图书在版编目(CIP)数据

美术/王东春，马宝康主编．—天津：天津科学技术出版社，2009
 (建筑装饰系列教材)
 ISBN 978-7-5308-3856-3

Ⅰ.美… Ⅱ.①王…②马… Ⅲ.建筑艺术-绘画-技法(美术)–教材 Ⅳ.TU204

中国版本图书馆 CIP 数据核字(2005)第 019139 号

责任编辑：丁文红
版式设计：雒桂芬
责任印制：兰　毅

天津科学技术出版社出版
出版人：胡振泰
天津市西康路 35 号　邮编 300051
电话(022)23332393(发行部)　23332392(市场部)　27217980(邮购部)
网址：www.tjkjcbs.com.cn
新华书店经销
河北省昌黎县第一印刷厂印刷

开本 787×1092　1/16　印张 8.75　插页 16　字数 178 000
2009 年 7 月第 1 版第 2 次印刷
定价：28.00 元

建筑装饰系列教材编委会

主　编　　吴骥良

编　委　　马宝康　王东春　冯　阳　朱治安

　　　　　刘建峰　刘　强　孙文全　杜　咏

　　　　　吴骥良　张国华　林晓东　郑曦阳

　　　　　赵　斌　赵慧宁　顾建平　龚延风

　　　　　彭克伟　童　艳　曾　波

本书主编　王东春　马宝康

本书编者　王东春　马宝康

序

随着城市化进程加速期的到来,我国城乡建设速度日益迅猛。建筑装饰作为建筑业的重要组成也正面临着巨大的挑战;同时,经济全球化进程的加快也给我国建筑装饰业提出了新问题。如何适应时代发展的要求,应对新的变化,知识的更新和人才的培养便成了当务之急。建筑装饰系列教材的编写,正是为了改善和提高建筑装饰从业人员的知识结构和水平,培养更多的建筑装饰专业合格的技术人才。

建筑装饰专业与诸多学科密切相关,且以艺术和工程技术为基础,专业面较宽。本套教材选取了其中核心的十二门课程:(1)《美术》;(2)《构成》;(3)《建筑环境设计表现》;(4)《建筑装饰与物理环境》;(5)《建筑设备》;(6)《建筑力学与结构》;(7)《建筑装饰材料》;(8)《建筑装饰构造》;(9)《建筑装饰设计》;(10)《建筑装饰施工技术》;(11)《建筑装饰工程定额与预算》;(12)《建筑装饰施工组织与管理》。其中,前六本为专业基础课教材,后六本为专业课教材。

本套教材的编写注重理论与实践相结合,坚持高等院校与高等职业技术学院两个层次相兼顾的原则,融建筑装饰新材料、新技术、新工艺、新规范、新成果于一体,具有体系完整、结构新颖、语言精练、内容翔实、图文并茂、深入浅出、系统性强、可操作性强、适用面广等特点。本套教材可作为高等院校和高等职业技术学院艺术设计专业、建筑装饰专业通用教材,亦可作为室内装饰、室内设计、装饰装潢、广告装潢、美术装潢等专业的通用教材。同时,它也是一套建筑装饰专业方向的系统性丛书,可作为相关专业人员的自学参考书。

在本套教材的编写过程中,承蒙南京工业大学、天津科学技术出版社及各兄弟院校的大力支持。书中参考了大量的国内外专家、学者的著作,吸收和借鉴了许多最新科研成果,限于篇幅,恕未能一一标注。各书作者、审稿、编辑及相关人员付出了大量的辛勤劳动,在此,我们一并深表衷心的感谢!

本套教材的作者均是南京工业大学等高校的一批从事多年建筑装饰专业及相关专业教学的学术骨干,他们除了具有多年教学经验外,还都拥有丰富的工程实践经验,这对保证本套教材理论的体系性和实践的可操作性层面无疑是积极的。但是由于水平所限,本套系列教材还会存有一些错误和不足之处,敬请有关专家、学者和广大读者予以批评指正,以便再版时修订完善。

建筑装饰系列教材编委会
2004 年 12 月

前　言

本书作为"建筑装饰系列教材"之一，是为了满足《美术》课程的教学需要而编写的。本书分上、下两篇，共计8章。上篇——素描部分，包括4章：(1)素描基础知识；(2)素描写生的基本方法；(3)素描写生练习；(4)风景写生。下篇——色彩部分，包括4章：(5)色彩基础理论；(6)色彩在绘画中的应用；(7)水粉画表现技法；(8)水彩画表现技法。

应当指出，作为建筑装饰专业的美术课教学，它有别于一般艺术院校的绘画基础课教学，其目的不是培养画家和美术工作者，而是以培养建筑装饰设计师所必须具备的绘画造型、艺术审美修养和完美表达设计意图为宗旨而设置的专业基础课程。

建筑装饰专业包含有大量的造型艺术因素，而造型艺术的核心是"形"与"色"。"形"的问题可以通过系统的素描学习来加以解决；而"色"的问题，则要通过色彩的科学训练方法来提高。

编者根据多年来在建筑学专业从事美术教学的体会和经验，结合建筑美术教学的特点，在本书中比较系统地介绍了素描(钢笔画、速写)、色彩(水粉、水彩)的基础知识和绘画技法，并配以大量的插图，使其图文并茂，开阔读者的眼界。书中收集了作者和学生的一些作品，希望这些作品既能帮助读者掌握一定的绘画技巧，又能帮助读者提高艺术修养和鉴赏力，从而为本专业的学习打下扎实的造型基础。

本书由王东春、马宝康编写并担任主编。

本书在编写过程中，参考了有关专家、学者的著作，同时收录了部分院校同行的优秀作品，在此表示衷心的感谢！

限于编者水平，书中难免有疏漏或不当之处，恳请广大读者、前辈和同行予以批评指正，以便再版时修订完善。

编　者
2004年12月

目 录
CONTENTS

上篇　素描部分 ……………………………………………（1）

第一章　素描基础知识 ………………………………………（3）

　第一节　素描的概念、种类及其重要性 ………………………（3）
　　一、素描的概念 ……………………………………………（3）
　　二、素描的种类 ……………………………………………（5）
　　三、学习素描的重要性 ……………………………………（8）
　第二节　素描的工具 …………………………………………（9）
　　一、铅笔 ……………………………………………………（9）
　　二、纸 ………………………………………………………（10）
　　三、橡皮 ……………………………………………………（11）
　　四、画板 ……………………………………………………（12）
　第三节　画前准备 ……………………………………………（13）
　　一、光线的选择 ……………………………………………（13）
　　二、距离的选择 ……………………………………………（13）
　　三、执笔的方式 ……………………………………………（14）
　　四、作画的姿势 ……………………………………………（14）
　　五、选择好写生角度并确定视点 …………………………（15）
　第四节　透视 …………………………………………………（15）
　　一、透视现象及其基本概念 ………………………………（15）
　　二、透视的种类 ……………………………………………（17）
　　三、透视的规律 ……………………………………………（19）
　第五节　素描的基本术语 ……………………………………（21）
　　一、形体 ……………………………………………………（21）
　　二、结构 ……………………………………………………（22）
　　三、轮廓 ……………………………………………………（22）
　　四、明暗 ……………………………………………………（23）

五、空间感、体积感、质量感 ………………………………… (25)
　　六、构图 …………………………………………………………… (27)

第二章　素描写生的基本方法 ………………………………………… (31)

第一节　整体观察 ……………………………………………………… (31)
　　一、观察与理解 …………………………………………………… (31)
　　二、概括地看 ……………………………………………………… (31)
　　三、比较地看 ……………………………………………………… (32)
　　四、联系地看 ……………………………………………………… (33)

第二节　作画的基本要领 ……………………………………………… (34)
　　一、辅助线 ………………………………………………………… (34)
　　二、先长后短 ……………………………………………………… (35)
　　三、宁方勿圆 ……………………………………………………… (35)
　　四、宁脏勿净 ……………………………………………………… (36)
　　五、虚实 …………………………………………………………… (36)
　　六、刚柔 …………………………………………………………… (37)

第三节　作画的步骤与方法 …………………………………………… (38)
　　一、落笔之前 ……………………………………………………… (38)
　　二、构图起稿 ……………………………………………………… (38)
　　三、大体明暗 ……………………………………………………… (38)
　　四、深入刻画 ……………………………………………………… (39)
　　五、整体调整 ……………………………………………………… (39)

第三章　素描写生练习 …………………………………………………… (40)

第一节　形体写生概述 ………………………………………………… (40)
　　一、几何形体概述 ………………………………………………… (40)
　　二、线条练习 ……………………………………………………… (40)
　　三、透视结构画法 ………………………………………………… (42)
　　四、明暗画法 ……………………………………………………… (43)

第二节　静物写生 ……………………………………………………… (44)
　　一、如何摆静物 …………………………………………………… (44)
　　二、静物写生的基本步骤 ………………………………………… (45)

第三节　石膏头像写生 ………………………………………………… (47)
　　一、头部的基本形体特征 ………………………………………… (47)
　　二、石膏头像的写生步骤 ………………………………………… (50)

第四节　素描中经常出现的问题 ……………………………………… (51)

一、花 ··· (51)
　　二、灰 ··· (52)
　　三、平 ··· (53)
　　四、糊 ··· (53)
　　五、脏 ··· (53)

第四章　风景写生 ··· (54)

第一节　风景画的基本知识 ··· (55)
　　一、风景画的构图 ··· (55)
　　二、风景画的空间透视 ··· (58)
　　三、风景画中的景物 ··· (59)

第二节　钢笔表现风景画 ··· (64)
　　一、钢笔画工具材料 ··· (64)
　　二、基础练习 ··· (65)

第三节　速写 ··· (66)
　　一、速写概述 ··· (66)
　　二、速写的基本要求 ··· (67)
　　三、默写和记忆 ··· (68)

下篇　色彩部分 ··· (71)

第五章　色彩基础理论 ··· (73)

第一节　概述 ··· (73)

第二节　光色原理 ··· (73)
　　一、色彩的产生及本质 ··· (73)
　　二、光源色、物体色与固有色 ··· (74)
　　三、光色与颜料色 ··· (75)

第三节　色彩术语 ··· (75)
　　一、原色、间色、复色 ··· (75)
　　二、色彩三要素 ··· (76)
　　三、色立体 ··· (77)
　　四、色彩的冷暖与色性 ··· (78)
　　五、有彩色、无彩色、极色 ··· (78)
　　六、同类色、类似色、对比色 ··· (79)
　　七、补色与补色对比 ··· (79)
　　八、调子、色阶、色调 ··· (79)

第四节　色彩的生理与心理功能 ……………………………………… (80)
　　一、色彩的生理功能 ……………………………………………………… (80)
　　二、色彩的心理功能 ……………………………………………………… (82)
　　三、色彩的联想与象征 …………………………………………………… (82)
第五节　色彩的对比 …………………………………………………… (83)
　　一、色相对比 ……………………………………………………………… (83)
　　二、明度对比 ……………………………………………………………… (84)
　　三、纯度对比 ……………………………………………………………… (84)
　　四、冷暖对比 ……………………………………………………………… (85)
　　五、同时对比与连续对比 ………………………………………………… (85)
　　六、面积对比 ……………………………………………………………… (86)
第六节　色彩的调和 …………………………………………………… (86)
　　一、色彩三要素调和 ……………………………………………………… (87)
　　二、主导色调和 …………………………………………………………… (88)
　　三、色彩构图关系的调和 ………………………………………………… (88)

第六章　色彩在绘画中的应用 ……………………………………… (89)
第一节　写实色彩的观察方法 ………………………………………… (89)
　　一、整体观察方法 ………………………………………………………… (89)
　　二、克服固有色观念 ……………………………………………………… (90)
第二节　色调 …………………………………………………………… (91)
　　一、色彩的均衡 …………………………………………………………… (91)
　　二、色彩的呼应 …………………………………………………………… (92)
　　三、色调与面积 …………………………………………………………… (92)
　　四、色彩的节奏与韵律 …………………………………………………… (93)
第三节　装饰色彩与写实色彩 ………………………………………… (93)

第七章　水粉画表现技法 …………………………………………… (95)
第一节　水粉画概述 …………………………………………………… (95)
　　一、水粉画的发展概况 …………………………………………………… (95)
　　二、水粉画的特点 ………………………………………………………… (95)
第二节　水粉画的材料与工具 ………………………………………… (96)
　　一、笔 ……………………………………………………………………… (96)
　　二、纸 ……………………………………………………………………… (96)
　　三、调色用具 ……………………………………………………………… (96)
　　四、颜料 …………………………………………………………………… (97)

第三节　色彩的调配与用笔 ……………………………………………（98）
　　一、色彩的调配 ………………………………………………………（98）
　　二、调和方法 …………………………………………………………（98）
　　三、用笔方法 …………………………………………………………（99）
第四节　水粉画的基本技法 …………………………………………（100）
　　一、水粉画的干画法与湿画法 ……………………………………（100）
　　二、水粉画干、湿的深浅现象 ……………………………………（101）
　　三、水粉画的作画步骤 ……………………………………………（102）
第五节　水粉风景 ……………………………………………………（104）
　　一、风景画的色调 …………………………………………………（104）
　　二、各种景物的表现方法 …………………………………………（106）
第六节　水粉画容易出现的问题 ……………………………………（110）
　　一、脏 ………………………………………………………………（110）
　　二、粉 ………………………………………………………………（110）
　　三、灰 ………………………………………………………………（111）
　　四、生 ………………………………………………………………（112）
　　五、焦 ………………………………………………………………（112）
　　六、花 ………………………………………………………………（112）

第八章　水彩画表现技法 ……………………………………（113）

第一节　水彩画概述 …………………………………………………（113）
第二节　水彩画的工具与材料 ………………………………………（113）
　　一、纸 ………………………………………………………………（113）
　　二、颜料 ……………………………………………………………（114）
　　三、笔 ………………………………………………………………（114）
　　四、辅助工具 ………………………………………………………（115）
第三节　水彩画的基本技法 …………………………………………（115）
　　一、调色方法 ………………………………………………………（115）
　　二、用笔方法 ………………………………………………………（115）
　　三、基本画法 ………………………………………………………（116）
第四节　水彩画的作画步骤 …………………………………………（118）
　　一、准备阶段 ………………………………………………………（118）
　　二、构图轮廓阶段 …………………………………………………（119）
　　三、铺大体色阶段 …………………………………………………（119）
　　四、深入刻画阶段 …………………………………………………（119）
　　五、调整收拾阶段 …………………………………………………（120）

第五节　水彩画的特殊技法……………………………………(120)
　　　一、空白法……………………………………………………(120)
　　　二、浆彩法……………………………………………………(120)
　　　三、油彩法……………………………………………………(121)
　　　四、丙烯颜料画法……………………………………………(121)
　　　五、吸附法……………………………………………………(121)
　　　六、绉纸法……………………………………………………(121)
　　　七、粉彩法……………………………………………………(121)
　　　八、吸洗法……………………………………………………(122)
　　　九、刮法………………………………………………………(122)
　　　十、对印法……………………………………………………(122)

参考文献……………………………………………………………(123)

上 篇

素描部分

第一章

素描基础知识

素描作为一种绘画形式,是相对于"彩描"("色彩描绘"的简称)而言的。它既是美术中的一个重要组成部分,又是一切造型艺术的基础。无论建筑绘画、构成设计、装饰设计、装潢设计、室内设计、建筑设计、园林设计、工业设计,还是从事其他各种设计,都必须从素描开始。

第一节 素描的概念、种类及其重要性

一、素描的概念

素,可以解释为本色、白色或颜色单纯;描,即描绘,二者结合在一起,即为素描。素描的范围很广,泛指一切单色绘画。具体而言,素描就是用某种单色的线条或明暗的调子来表现对象的绘画。它是一种朴素的描绘。

素描既包括用固体材料(如铅笔、木炭、炭棒、亚笔等)所作的各种单色绘画,又包括用液体材料(如水墨、水彩、水粉、钢笔等)所作的各种单色绘画。(参见图1、图2)

图1 (作者:达·芬奇)

图2 (作者:伦勃朗)

美 术

　　素描是相对于"彩描"而言的。任何物体在光的作用下，都会呈现一定的色彩。为了正确地理解形体，同时也为了造型的方便，在作画的开始阶段即素描阶段，往往有意避开色彩，而只用单色的线条或黑、白、灰不同层次的明暗调子，来塑造形体、描绘形体。例如，照片有黑白和彩色之分，黑白照片就是用黑、白、灰不同层次的明暗调子，来表现形象的，它避开了色彩。同样，素描也是只用黑、白、灰不同层次的明暗调子，来表现形体。

　　素描强调以洗练、概括的手法，来艺术地表现对象。它之所以排除了色彩因素，目的是为了更集中地观察和表达对象的本质特征、形体结构和空间位置等。因此，素描既要求准确、真实、充分地表现对象，又要求生动、艺术地概括对象，追求科学与艺术、内容与形式的完美统一。（参见图3）

　　这就要求我们，必须把忠实于对象的写生与自然主义的描摹区别开来。初学素描时，必须强调忠实于对象，即忠实于

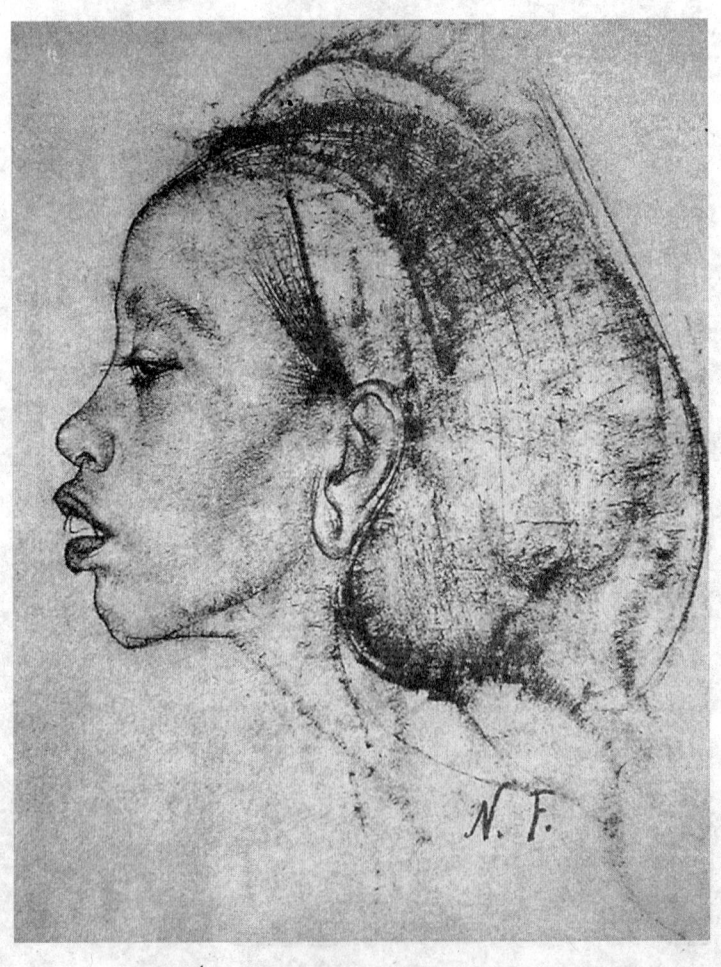

图3　（作者：费欣）

图4　（作者：凡高）

对象本质的刻画,忠实于从对象实际出发的真实感觉。那种目的不明确、盲目照抄照录的做法,以及那种信手涂鸦的主观主义做法,都是有害而无益的。

二、素描的种类

素描不仅仅是造型艺术的基础,它同时又以独立的艺术价值而存在。素描的种类很多,可以从不同的角度来划分。

（一）根据绘画工具分

根据绘画工具的不同,素描可划分为铅笔素描、炭笔素描、钢笔素描、毛笔素描等。（参见图4、图5）

（二）根据绘画内容分

根据绘画内容的不同,素描可划分为静物素描、动物素描、风景素描、人物素描、石膏模型素描等。（参见图6）

（三）根据造型方法或表现方法分

根据造型方法或表现方法的不同,素描可划分为结构素描、明暗素描和综合素描等。

结构素描,又称"单线素描"或"勾线素描",主要是指略去明暗、肌理等因素,以研究形体结构为目的,以线条造型为主要表现手法的一种素描方法。它是中国写意传统的素描。结构素描洗练而纯净,不注重明暗的对比和变化,而是通过线的粗细、浓淡、虚实、长短、曲直、刚柔、疏密的变化来表现对象的形状、结构、体积、质感和空间等变化的。因此,结构素描十分重视线条本身的形式美,具有高度的概括性和装饰

图5

图6 （作者：伦勃朗）

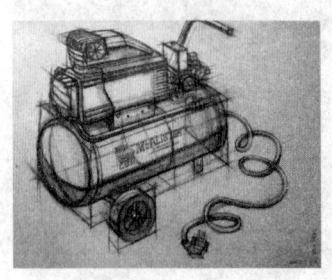

图7 （作者：余肖）

性。（参见图7）

明暗素描，又称"调子素描"，是指以明暗手法来表现形体结构的素描。它是西方写实传统的素描。明暗素描通过明暗调子的深浅、虚实、强弱等多种对比和变化的手法来表现和塑造对象的立体感、空间感、质感和光感等，具有较强的直观效果。因此，明暗素描是一种比较复杂的绘画方法，它涉及的基础知识全面，便于初学者按部就班地学习。（参见图8、图9）

（四）根据素描的创造性分

在艺术实践中，根据创造性与否分，素描还可以划分为创作性素描和习作性素描。后者不仅是为前者做准备，同时还是各种造型艺术的基础。这两类素描既有联系，又有区别，不能互相代替。

创作性素描包括各种直接为美术创作做准备的素描作品，如素描稿、素材速写等。其特点是大胆取舍、重点突出、笔法洗练，注重艺术概括。

习作性素描包括各种基本练习素描和辅助性学习素描。习作性素描的各种基本练习，主要是通过写生的方式，对生活中的各种物象的形态、变化，进行观察、感受、分析和研究，以培养对生活的观察能力和艺术表现能力，并在实践中掌握素描技法，从中理解造型艺术的一般规律。习作性素描除了长期和短期的写生之外，还有速写、默写等练习。

不论创作性素描还是习作性素描，都含有思想认识和表现技术两个方面。这两个方面是互相制约、不可分割的统一体。有些学生虽然努力练习素描，但是放松了对素描思想认识方面的锻炼，只热衷于表现技术的学习，甚至把素描当做一种手艺来练习，因而降低了素描练习的要求，陷入了片面性，耗费了时间，进步也不大。我国清代画家沈宗骞曾说过："胸无卓识，笔习恒溪，见之所不到，力之所不能。"（沈宗骞《芥舟学画编》）这说明思想认识对于实践的重要性，见识不到，功力也不会达到。（参见图10、图11）

图8　（作者：杜昆）

图9　（作者：刘永杰）

图10 （作者：埃舍尔）

三、学习素描的重要性

素描是一切造型艺术的基础，是造型艺术中的一门基础学科。中外美术史的发展，也证明素描对于造型规律的研究和表现技能的训练，是非常必要的。《论语》中提到的"绘事后素"，意思就是说绘画之事后于素。用现在的话说，就是在素描的基础上进行绘画。

建筑设计、室内设计、装饰设计、规划设计、园林设计、工业造型设计等专业，都包含着大量的造型艺术因素。因此，学习这些专业，培养艺术修养，提高造型能力，必然要从素描这一重要基础开始。

造型艺术的核心是形与色。其中，形是主导；色是表达的语言，说明形的因素很重要，无形的色在造型中是无意义的。要想解决画什么像什么的问题，东西方的经验都告诉人们，必须

图11 （作者：安格尔）

从素描写生学起。

由此可见，素描在造型艺术中的地位和它担任的角色，是不允许忽视的。素描作为造型艺术的重要基础，是无法用其他方法来代替的。忽视了这个基础，色彩表现和设计创作就会受到很大的影响。

素描作为造型艺术中的一门基础学科，最重要的是培养正确地观察、分析、综合对象，并把它生动、形象地表现出来的能力。

当然，在素描学习过程中，会碰到许多具体的技术性问题，但是只要能够掌握正确地观察、理解和表现对象的方法，严格按照由浅入深、循序渐进的原则，做到心要专、脑要动、眼要准、手要勤的造型训练要求，日积月累，就能逐步达到得心应手。任何取巧和满足于一知半解的做法，都不会对打下扎实的造型基础有任何帮助。（参见图12）

图12 （作者：列宾）

第二节 素描的工具

一、铅笔

在素描学习的基础阶段，一般首先是多画铅笔素描，然后再用木炭等其他工具材料进行素描。各种材料都有自己的优越性和局限性，因此需要根据每一个人的习惯和实用性去选择。

铅笔能表现丰富细腻的层次，调子色域宽、固定，而且又易擦拭、修改，也能大笔涂抹。

铅笔有软芯铅笔、硬芯铅笔和一般铅笔之分。软芯铅笔用字母"B"表示，硬芯铅笔用字母"H"表示，一般铅笔用字母"HB"表示，字母前的数字表示铅笔的软硬程度。

一般来说，铅笔素描主要使用软芯铅笔，从B到6B，B数越高铅笔芯愈粗、愈软、愈黑。在起稿、轮廓阶段，用2B铅笔较适宜，作画时手不要太用力，轻松地上、下、左、右自由挥动。亮面一般适合用H铅笔或HB铅笔刻画，暗面适宜B系列铅笔刻画。在刻画大体明暗阶段，可以用3B或2B铅笔；若物体的固有色很深，有时也使用4B或5B铅笔。5B或6B铅笔在一般情况下，并不经常使用。2B、3B铅笔削尖了用力去

美 术

图13

画,也能画得很黑。(参见图13)

二、纸

有了理想的笔而没有相适应的纸,同样不会画出好画。纸除了颜色的差别以外,还有质地的软、硬、粗、细、厚、薄之分。

初学者以使用市场出售专供绘画的素描纸为最好,纸质以坚硬、平整、不起毛、不打滑为宜,即对铅笔和橡皮有承受擦划的能力。过滑的纸,对铅的附着力太低,作画困难;过软的纸,容易划伤或无法改动,但可以画速写,下笔肯定,不用改动。画长期素描作业,应选用质地比较厚实、纸面较为粗糙的纸为佳。这种纸便于反复刻画和涂改,适合画色调丰富的素描。

在素描学习中,许多同学不注意纸的选用与研究,只知道把纸买来往画板上一钉,就开始作画,画坏了擦掉再画,很少考虑纸的性能以及利用纸的特点。这就给素描的深入和提高,带来不少困难。(参见图14、图15)

例如,有的同学开始往纸上画时非常从容大胆,由于不了解纸的性能及着笔效果,不久画面上就一塌糊涂了,结果使自己垂头丧气,以致失去作画的信心。其所以失败,除了造型功夫不够以外,还有对所选择的工具性能及使用方法不了解的原因。

三、橡皮

橡皮在素描中既是一种涂改工具，又是一种特殊的绘画工具。

在一些初学素描者的眼里，橡皮仅仅是用来涂改的。即使是一些很有绘画能力的人，也有这样的认识。实际上，橡皮也是一支笔，它不仅仅是涂改的工具，也不仅仅是在画面上帮助人们减去什么，更重要的是橡皮能够帮助人们达到一些笔所达不到的效果。

如果说铅笔一类属于硬笔的话，那么橡皮就是一支软笔。橡皮的功效，能达到油画一样的笔触，木刻一样的刀锋，水彩画一样的湿润，以及雕塑般的肌理。对橡皮这支软笔的巧妙运用，会使铅笔有更充分的发挥余地，并达到丰富多彩的效果。（参见图

图14　（作者：张蕾）

图15　（作者：苏刚）

16、图17）

现在市场上有多种橡皮可供选择，可以根据自己的习惯和体会，去购买自己喜欢的橡皮。

多数初学者都有一个不好的习惯，即刚开始画几笔就用橡皮使劲擦，实际上画面刚开始，线条、形体有点错误是没有关系的，这些线条多是不肯定的，深入刻画时可以对其调整、修改，所以不需要用橡皮把它们擦掉。过多地使用橡皮修改，会使纸起毛，影响画面的深入。因此，当你手拿橡皮的时候，不光是去涂、去改，还要有一种去画的意识，尽可能地把它当一支笔使用。

橡皮通常有几种使用方法：擦、打、扫、贴、润、提、画。

四、画板

市场上出售的画板有大、中、小多种型号，初学者用中号画板（60cm×45cm）最为适宜。也可以用一块木板或五合板自己制作，只要板面平滑即可。

图16　（作者：封加樑）

图17　（作者：左晓东）

第三节 画前准备

一、光线的选择

在室内对物写生时，要选择有利的光线。光线太强、太弱、太散或者变化过大，都不利于写生。所以，室内写生时最好选择北面光。因为朝北窗口进来的光线比较稳定，不像其他方向入射的光线那样易变。选择北面光，可以避免因为光线的变化而造成反复修改画面的情况。

另外，写生时要求一面进光，这样的光线比较集中。如果光源过多，多面进光，则会造成光线太散，使人不易看清体面变化。

再者，光源与写生物之间的距离，也应该根据光线的强弱情况做适当调整。如果光线太强，写生物可以远离光源一些；如果光线太弱，则写生物应尽量接近光源。

由于光线入射的方向和角度的不同，以及画者与写生物的位置不一，因而有正面光、侧面光、顶光、逆光等不同的情况。画者要注意选择有利于突出形体结构的光线效果。在一般情况下，写生时的光线以来自左侧与右侧的斜上方为宜。（参见图18、图19）

图 18

二、距离的选择

写生时，画者与被描绘的对象之间，应保持一定的距离。这个距离以不转动头部，不斜视就能一眼看全整个对象为宜。距离太近，看不到整体，透视变化也太大；距离太远，又看不清对象的相互关系。为此，比较合适的距离相当于被描绘对象高度的二倍半至三倍。这样的距离，使被描绘的对象处于画者的正常视阈范围内。一般说来，人的正常视阈指的是60°的视角范围，这时所看到的整个对象是清晰正常的；否则，看到的对象就会模糊并且变形。所以，假若要画一个1.60m左右身高的人的全身像时，就需要在4m左右距离去画。

图 19 （作者：俞建国）

不但画者与被写生的对象物之间要有合适的距离，就是画者与画板之间也需保持适当的距离。这个距离以一臂之长为宜。这样，便可一眼看清全部画面，作画时就能照顾全局。画者背后最好留有一定空间，便于观察画面的整体效果。

另外，画者的视线应该与画面垂直，并且视点要能落在画面的中心。因此，放置画板时不可过高或过低，也不要过于

美 术

倾斜或过于垂直，要使画板有一个适当的倾斜角度，以避免画面线条和形体因透视而变形。

三、执笔的方式

画素描时的执笔方式与一般写字时的执笔方式不同，应为持棒式。即把笔横过来，手握于笔的中间，用拇指和食指把笔捏住，其他几指辅助自然摆动。尤其是画大轮廓时需要拉长线，或者是画大的明暗关系时需要排线，那时必须用横着执笔的方式；否则，线就拉不直，画不挺，明暗涂不匀。这种执笔方式可使腕、肘、肩协调一体，行笔稳健、自如。但是，拇指和食指不能捏在靠近笔尖处，这样会造成用笔僵硬、呆板。刻画细部时，握笔的方式与写字握笔的方式相同。在作画时，应根据线条方向的角度不同，来变动手在画板上的位置，将握笔的手调整到最适合刻画那根线条的地方。这就要求手腕要上、下、左、右不停地移动。（参见图20、图21）

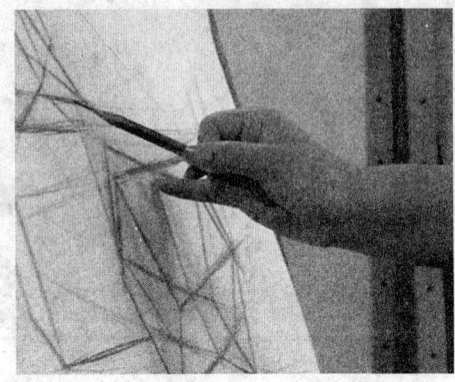

图20

图21

四、作画的姿势

画者应该采取正确的作画姿势。不论是站着画还是坐着画，都要保持上身坐正，腰要挺直，不要驼背，不要跷腿。执笔的手臂也要自然伸直，手腕不要按在画面上，应该悬空，有时也可以用小指尖顶在画面上画细部。

保持良好的作画习惯和正确的作画姿势是很有必要的。人的上肢的肩关节、肘关节、腕关节、指关节等四个关节，各有不同的用途。一般画长线、直线，画大的形，大的画幅，需要多用肩关节或肘关节。如果站着画，更可以挥洒自如。一般在画细部时，多用腕关节和指关节。（参见图22）

图22

五、选择好写生角度并确定视点

同一个描绘对象,从不同的角度去表现,造型效果和难易程度就不一样。特别是对象的造型特征与质感,从某些角度去看比较鲜明,而从另一些角度去看就不一定突出。因此,在画前应仔细观察和研究,当角度位置选择好后,视点应固定下来。

同样,不同的视点,也会使同一个描绘对象的形状产生许多变化。初学者往往对这些常不注意,作画时头部移动,变化位置,引起视点不固定,使画面上出现透视不统一的毛病。

应当指出,这里所讲的要有固定的绘画位置与视点,是指在作画时画面上不能有多个视点,并不排斥从各个不同角度去观察分析形体、研究形体。

第四节 透 视

透视是绘画中不可缺少的因素。任何写实的绘画,都和透视有着密切的关系。透视是空间造型艺术的科学依据。为了正确地表现物体的空间距离和形体结构比例,提高观察、判断能力,掌握一定的透视知识和变化规律是非常重要的。

一、透视现象及其基本概念

在日常生活中,只要稍一留心,就会发现这样的现象:一条笔直的道路越向远处越窄,驶向远方的汽车或行人越远越小,两旁的树木或电线杆越远越矮,直至最后消失不见了。这种近大远小、近高远低、近宽远窄、近疏远密等现象,就是"透视现象"。(参见图23、图24)

图23 (作者:霍贝玛)

图24　（作者：周欣）

透视现象产生的根本原因，在于人的视觉。专门研究视觉现象和视觉规律的科学，叫做"透视学"。

在介绍透视规律之前，有必要先了解一下透视学中的下列几个基本概念。

（一）视点

视点，是指画者眼睛的位置。

（二）停点

停点，是指由视点向下作垂线与地面的交点。

（三）基面

基面，是指地面、平面、桌面等水平的平面。

（四）视线

视线，是指由视点发出的投射线，即视点与物体之间的连接线。

（五）视平线

视平线，是指在画面上与视点等高的一条线或者向前平视时和视点等高的一条水平线。视平线随着视点的高低变化而变化。（参见图25）

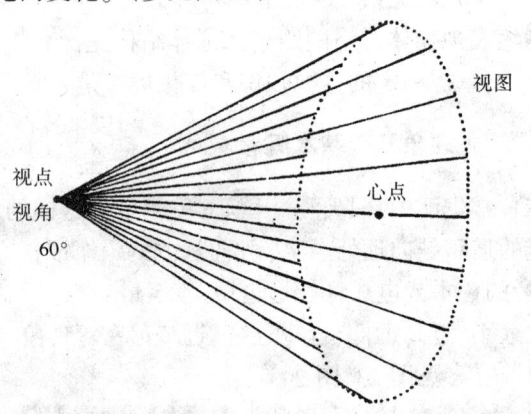

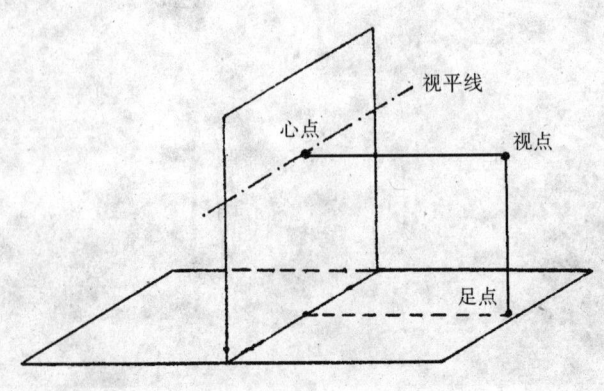

图25

（六）视锥

集聚在眼睛上的无数条视线，成圆锥体，称为"视锥"。视锥的锥底，称为"视野"。人眼平视前方时，两眼可视的视野呈椭圆形。视锥的锥顶夹角为：上下110°，左右140°，绘画的最大视野取60°，绘画的最佳视野应取28°~53°为好。

（七）消点

消点，又称"消失点""消灭点""灭点"。由两条平行的水平直线向远处伸延，越远越靠拢，最后交于一点，即为消点。消点有五种：视心（又称"心点"）、距点、余点、天际点和地下点。前三种交在视平线上。当直线与画面成90°时，其消点称为"视心"；直线与画面成45°时，其消点称为"距点"；其余任意角的交点，均称"余点"。天际点和地下点两种消点，交在视平线以外，不在视平线上。两条非水平的直线在近低远高的情况下，其消点交在视平线的上方，称为"天际点"；而在近高远低的情况下，其消点交在视平线的下方，称为"地下点"。

二、透视的种类

（一）平行透视

在纸上画一条水平线，就把这条线称为"视平线"，用来表示眼睛观察对象时的高度。以矩形为例，在发生透视变化时，矩形的对边有一组或两组向视平线上的消灭点集中，所产生的透视称为"平行透视"。平行透视只有一个消点，所以又叫"一点透视"。（参见图26）

（二）成角透视

以立方体为例，立方体的水平线均不与画面平行，也不垂直，即与画面成任意角度时所产生的透视，称为"成角透

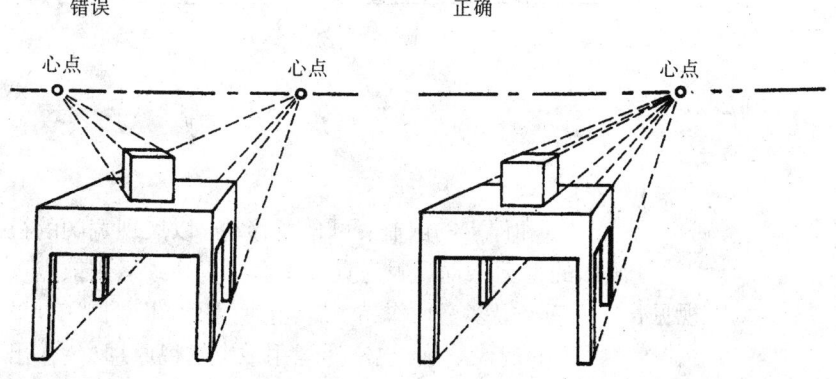

图26

美　术

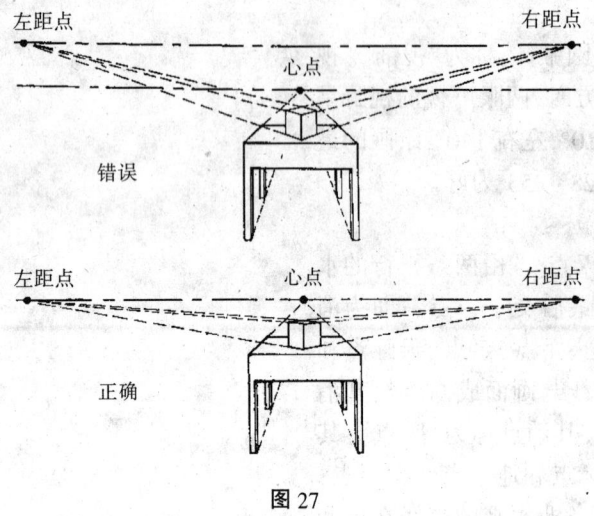

图27

视"。成角透视有两个消点，又叫"两点透视"。（参见图27）

（三）倾斜透视

仰视或俯视高大建筑物时，建筑物的垂直会产生倾斜的感觉，故称"倾斜透视"。倾斜透视有三个消点，除水平直线有两个消点外，还有天际点。当画者仰视时，建筑物立棱上端靠拢，其消点消失在天空中，所以称为"天际点"；当画者俯视时，建筑物立棱下端靠拢，其消点消失在地下，所以称为"地下点"。（参见图28）

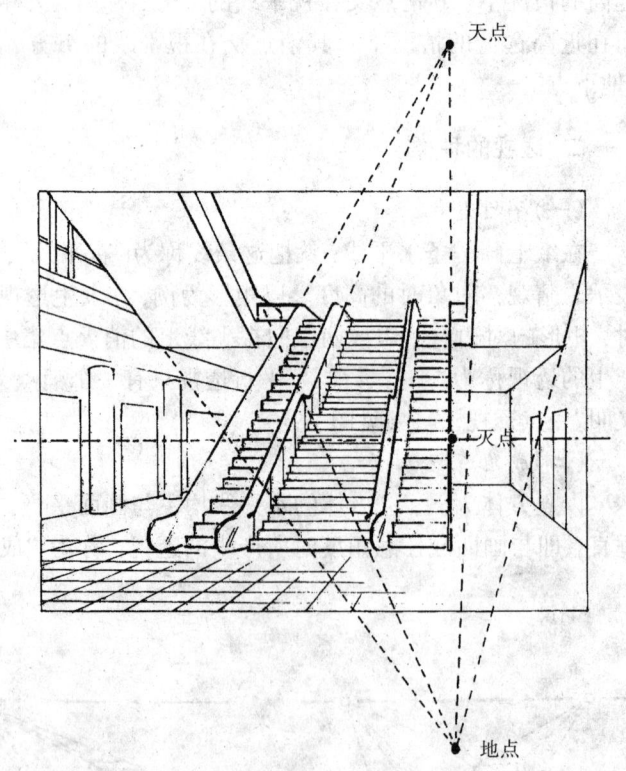

图28

（四）散点透视

不受视点和停点的限制，可任意移动，以展现宽阔的视野，使画面的视觉感觉舒服为宜。中国画以巧妙运用散点透视见长，留下了很多不朽作品，如"清明上河图""长江万里图"等。西方的现代绘画，也广泛运用散点透视原理，创作出很多优秀作品。散点透视在艺术表现中的应用，已越来越广

18

泛。(参见图29)

三、透视的规律

(一)水平直线消失规律

众所周知,等大物体近大远小。这是由视觉原理所产生的。因为物体一有远近就要发生透视变形,没有远近就不发生透视变形,水平直线只要与画面不平行就产生透视消失变化。图30中 AP、BP 向远消失。

凡与画面平行的水平直线均不消失。因为直线两端距画面等远,故图30中 MN 线不消失。

凡与画面不平行的水平直线都消失,其消点均在视平线上。AP、BP、DP、CP 都消失,消点为 P。

凡是高于视平线的水平直线,均向下方消失。线越远,在画面上就越低,即近高远低,如 AP、CP。

凡是低于视平线的水平直线,均向上方消失。线越远,在画面上就越高,即近低远高,如 BP、DP。

等长的物体越远,就显得越短。
等宽的物体越远,就显得越窄。
等粗的物体越远,就显得越细。
等大的物体越远,就显得越小。

(二)非水平直线的消失规律

凡是与画面不平行的而与基面成倾斜的直线,其消点都在地平线以外的地方。

图29

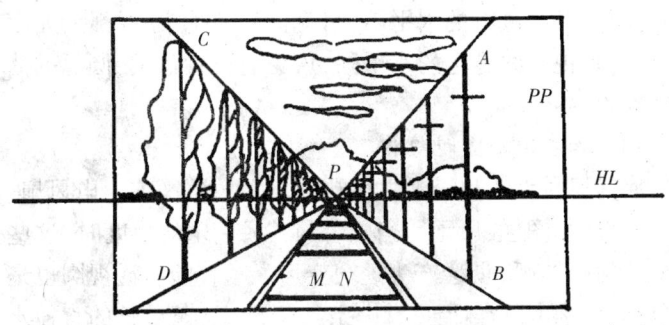

图30

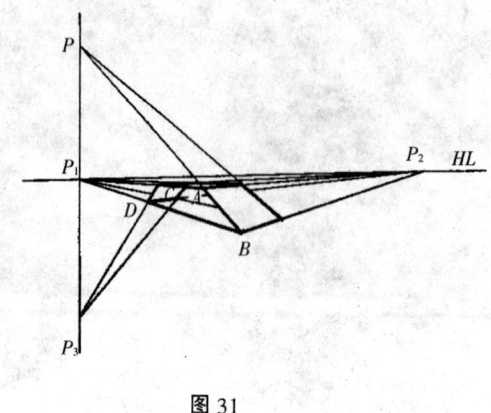

图 31

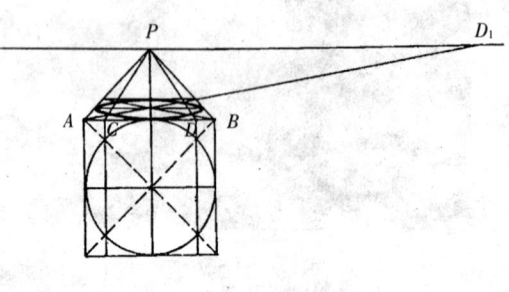

图 32

如图 31 所示,凡是近低远高的直线,如 A 高于 B,其消点 P 为天际点,消失到地平线的上方;凡是远高近低的直线,如 C 高于 D,其消点 P_3 为地下点,消失到地平线的下方。

消点离地平线越远,表明直线与地面的夹角(坡度)越大;消点与地平线的距离相等,说明非水平直线与地面的夹角也相等。

(三)远近形体变化的规律

物体距画者的远近距离不同,其形体变化也不同。不同的距离,有不同的形状。相同的物体摆法一样,其远近不同,则形体透视也有不同的变化。与画者近的物体,前后透视差大,变形也明显;与画者远的物体,前后透视差小,变形不明显。近的物体立体感、空间感强,明暗对比强烈;远的物体立体感、空间感弱,明暗对比逐渐减弱。远近不同,其物体的三度空间(高、宽、深)的消失比例也不同,高宽消失较慢,深度消失较快。物体越远,其高度与深度的消失比例就越大。

(四)水平圆的消失规律

水平圆的透视图是一个椭圆,如图 32 所示。其特点是由最长直径 AB,将椭圆分成前后两个半圆,前半圆的面积、曲度都比后半圆大。两个端点 A、B 处不是夹角,而是圆滑曲线。

重叠圆是直径相等、位于视平线上下的高度不同的水平圆。在视平线上方的圆,可见底面;在视平线下方的圆,可见顶面;距视平线越近的水平圆,可见面积就越小,圆弧的曲度也越小;距视平线越远的水平圆,可见面积就越大,圆弧的曲度也越大。

(五)垂直圆的透视规律

垂直圆在生活和绘画中很常见,如茶杯、车轮、电风扇、电吹风等,如图 33 所示。当画者与其成一定的角度时,这些正圆、半圆、圆弧,就会产生透视变形。垂直圆的透视圆也是一个椭圆,椭圆的直径只有一条最长的,这条最长的直径永远垂直(实际)椭圆的中心轴。不管在什么角度观察,长轴(最

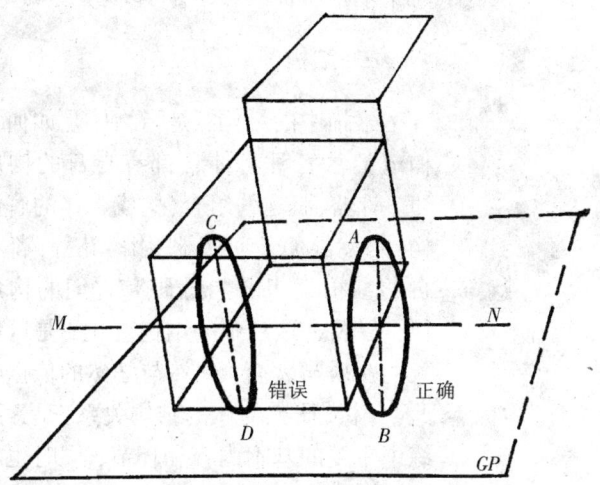

图33

长直径）AB 总是垂直中心轴 MN 的。垂直圆产生变化后，长轴与基面不垂直。将 CD 画成垂直 GP 是错误的。惟有中心轴平行画面时，长轴才与基面垂直。中心轴垂直画面时，垂直圆就不产生透视变化。

在素描写生练习中，要灵活运用这些透视规律，不能生搬硬套，理论要和实践相结合。作画时，主要依靠眼睛观察、对比，感觉舒服、合理、平稳即可。

第五节　素描的基本术语

一、形体

"形"，是指物象的形状。就造型艺术范围来讲，"形"是指物象的形体特征，如圆形、方形、三角形等。尔后，再进一步研究它是如何圆、如何方，以及千变万化的形态特征。

"体"，是指物象的体积。客观世界的一切物象，都是有体积的。

"形""体"两方面的因素，是联系在一起的。所有物象有"体"才有"形"，有"形"必有"体"。任何物象，都是有其具体特征的有体积的"形体"。认识客观物象这个基本特征，强调"形"与"体"不可分割的统一性，目的在于纠正对"形体"认识的片面性。仅把"形体"理解为高与宽，而忽视"形体"存在于空间的深度是错误的。任何物象都由高度、宽度、深度组成，也称"三度空间"或"三维空间"。在学习素描的开始阶段，只有对"形体"有正确的理解，才能养成立体地观察和描绘客观

图34

对象基本特征的习惯。(参见图34)

二、结构

素描中的结构,是指物体是如何结合构成的。各种物体,都有自身的构成规律。骨骼、肌肉的组合,构成人体的解剖结构;自然界的鸟、兽、树、山、花等,都有各自的结构组织。熟悉研究它们的构成规律,以及在运动中的结构变化,是区别物象的实质与表面、偶然与必然的依据。因此,分析、研究物体的结构关系,是素描训练中重要的基本内容和环节,同时也将最初的感性认识推向深化。这种由表及里的研究,目的在于使形体得到充实和准确的表现,减少或避免浮光掠影、似是而非的倾向。因为形体的准确需要依附于结构关系的准确,而结构关系的准确并不能代替形体的准确。正如素描中的感性认识有赖于理性认识去深化,但在造型艺术中理性认识不能代替感性认识独立存在一样。(参见图35)

三、轮廓

物体的轮廓是由物体的体积空间、特征所决定的。轮廓与形体结构是一致的,是从属于整个体积的一部分。在素描中,轮廓不仅表现物体的外形,而且要具体地体现它的结构特征。素描轮廓有内外之分,必须把二者结合起来画,才能说明问题。

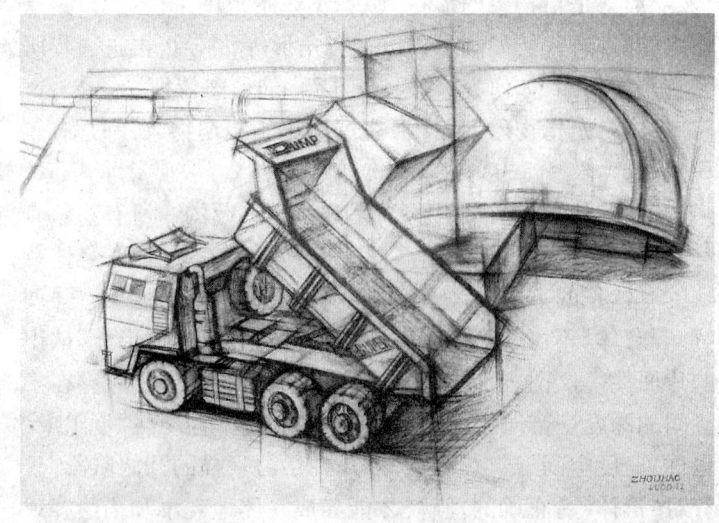

图35 (作者:周浩)

从一个简单的方形体的表现,也可以看到,只勾画它的外轮廓是很难说明方形体的特点的。如果从物体的结构出发,内外轮廓结合起来画,就不难表现它的形体。画人物也是如此,只有内外结合,互相参照,才有利于掌握对象的特点。当然,内外轮廓的组成部分也是相互转化的。如画正面人像,耳朵是外轮廓,鼻子属内轮廓;若改画侧面像时,鼻子则变成了外轮廓,耳朵变成了内轮廓。因此,在画人物时,必须内外结合,探索它们的部位关系、比例关系,以便将人物轮廓画准确。(参见图36)

必须明确,探索轮廓的准确性,应贯穿于素描写生的始终,一旦发现问题,应当立即设法纠正。一切明暗变化的表现和细节的刻画,都应围绕着轮廓的明确性、正确性来进行。轮廓应是素描探索形体结构特征的结果。

四、明暗

物体在不同光线的照射下,会产生不同的明暗效果。明暗素描关键在于对形体结构与块面分析的理解和把握,了解光作用于物体后所产生的明暗规律。光包括自然光和人工光两大类。光源照射下物体的明暗变化,是由于各类物体都具有吸收一部分色光、反射一部分色光或透过某些色光的能力大小,以及物体的各个转折面和光源照射的角度变化所决定的。

图36 (作者:拉斐尔)

(一)正面光

正面光以亮面为主,光源从物体的正前方照射过来,亮面的明度变化是由近向远逐渐变暗,背光面极少,以投影为主。暗面的明暗变化特点是由近而远逐渐变亮,明暗两面的对比,由近向远逐渐缩小,直到伸向视平线时两面重合。(参见图37)

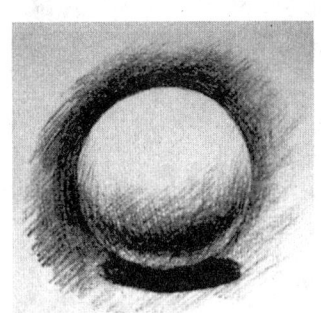

图37

(二)侧面光

侧面光是亮面占物体的四分之一至四分之三。亮面占物体的二分之一时,称之为"正侧光";其余的角度,则称之为"旁侧光"。亮面的变化是由近向远逐渐变暗,暗面占四分之三至四分之一,它的明度变化是近暗远亮,由暗向亮逐渐变化。明暗两面的明度、色调逐渐接近到视平线上,变成完全一致。(参见图38)

图38

图39

(三)逆光

逆光,是指暗面占物体的四分之三以上,其暗部色彩由近向远逐渐变亮。当光源与物体同处在一条视线上时,称之为"全逆光"或"正逆光",这时物体将失去体积感;除此角度外,则称之为"侧逆光",逆光的亮面占物体的四分之一以下。亮面的明度由近向远逐渐变暗,明暗两面的明度差到视极时消除。(参见图39)

通过对明暗现象的观察研究,可以发现物体由于光源强度的不同、光源距离和角度的不同、本身质地和固有色的不同、与观察者的远近和角度的不同,会产生复杂多样的明暗变化。诸多因素的制约,形成了物体明度的差异,这种明度差异称之为"色阶"。

(四)三大面

物体直接受光部位,称为"亮面"(又称"白面");斜受光部位,称为"灰面";背光部位由于受环境反光和反射光的影响并不是一片漆黑,人们所感觉的是浓重的深灰色,称之为"暗面"(又称"黑面")。黑面、白面、灰面三个层次,称为"三大面"。它是塑造物体主体感觉的最基本的色阶差。(参见图40)

(五)五大调

物体由明到暗的变化幅度很大,并且非常微妙。把物体微妙的明暗层次变化,归纳和概括为五种基本调子,即亮部、中间色、明暗交界线、反光和投影,称为"五大调"。它们又可以概括为受光和背光两大面,构成物体的两大明暗系统。不

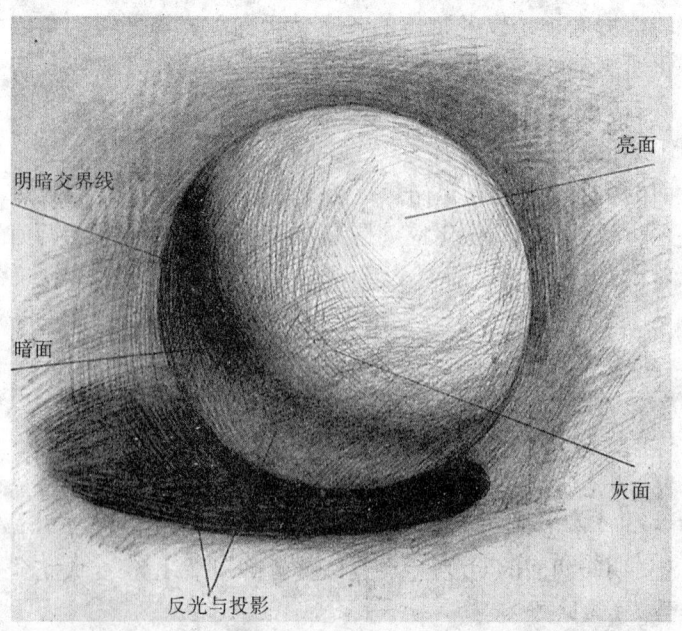

图40

管物体形状多么复杂,除非多光源照射外,其明暗变化的规律都是不变的。对于五大调子的划分,有不同的分法。有的把五调子归纳为亮面、灰面、暗面、高光和反光。

物体上的明暗交界线,是表达体积和空间形象的关键因素。它的变化极为鲜明而丰富。明暗交界线和周围的关系处理得当了,物体的形、色、空间关系就趋于解决了。有光就有影,影分投影和遮影两种,它们有飘浮透明的特点。由近向远深浅依次排列的影,对突破平面向里进伸的空间、体积的塑造,都起着很大的辅助作用。影的明度规律是近实远虚,近投影物实,远投影物虚。影的调子极为丰富,处理不好就会破坏空间感。(参见图41)

五、空间感、体积感、质量感

(一)空间感

空间是物质存在的一种形式。凡是物体都占据一定的空间范围,物与物都处在一定的空间距离之中,素描必须真实地表现物体的空间关系。

处于空间中的物体,由于色彩透视的变化,产生了视觉上的近明远暗、近实远虚、明露暗藏的纵深透视现象。明暗素描可以充分利用这种空气透视现象造成的视觉印象,在画面上表达出物体的体积及远近的距离关系。室内的短距离物体写生不太明显,在风景画中空间感最为突出。近景、中景和远景之间的差别非常明确。素描中的空间感,除了形体透视之外,主要依靠线的粗细、浓淡、虚实、黑白层次的强弱、深浅等因素来表现。近处对比强,远处对比弱,是塑造空间感的关键。(参见图42、图43)

(二)体积感

体积感,就是人们常说的立体感。一切物体都具有高度、宽度和深度三方面的量度,物体所占据的三度空间,也就是它本身的体积范围。物体的形,是指外观表象的轮廓。在素描学习中,应根据物体三度空间的体积范围,去观察它、理解

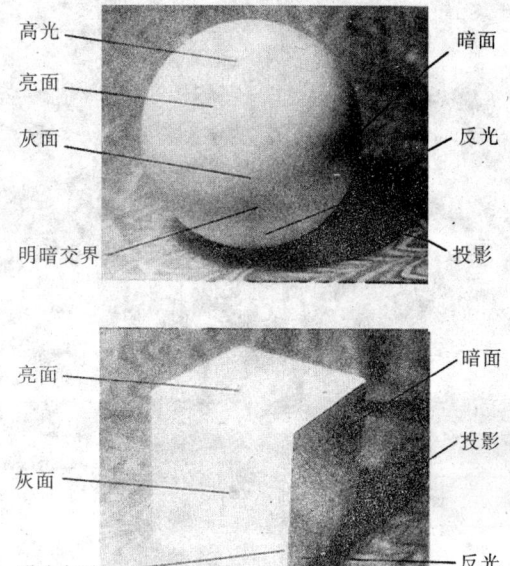

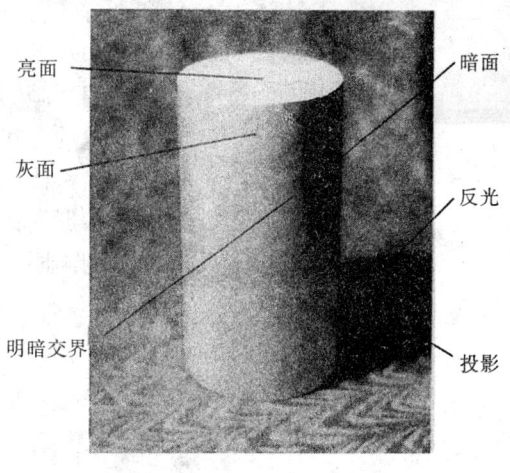

图41

图42　（作者：刘小东）　　　　图43　（作者：杨亦谦）

它、表现它。物体的体积在明暗素描中，主要依靠块面和明暗调子的强弱对比来表现。在一般情况下，处在受光面的边线较清晰肯定，背光面较虚而模糊。（参见图44）

（三）质量感

人们所画的一切物象，都属于一定的物质。任何物质都是通过量的存在而显现的，质与量是不可分割的统一体。量的含义除了体积，还有重量。在素描学习中，不仅要正确地表现物象的形体，还要深入到质量的表现才能真实感人。如棉布与丝绸不同；瓷器与陶器不同；同属木制品，也有硬软差别；同属金属制品，色泽、重量都有不同的特点。素描的工具虽然简单，但它完全可以将不同质感的东西表现出来。由于各种物体都有自己的组织结构、质地、颜色、光泽等特点，因

图44　（作者：迟同斌）

而需要用不同的方法加以区别。例如，画刚硬的东西时，要用挺直有力的线条；画柔软的东西时，要用柔和的线条。一般情况下，光滑、坚硬、淡色的物体，对光的反射要强烈些，明暗对比也相对清晰；粗糙、蓬松、深色的物体，明暗对比就相对模糊。(参见图45、图46)

六、构图

作画开始，首先遇到的是怎样构图的问题。构图就是我国传统画论中的"经营位置"，晋代画家顾恺之称它为"置阵布势"。构图是画面结构各种关系的总体，是思想性和艺术性的体现。作画的自始至终都应贯穿构图意识，而它往往又被初学者所忽视。很难想像，一个在基础素描练习中，不重视锻炼构图能力的人，将来能在绘画表现中具有较好的构图修养。素描阶段的构图练习，能逐步培养画者的构图能力，也是画者艺术观、审

图45　(作者：封加樑)

图46　(作者：王磊)

美　术

图47　（作者：张蕾）

美观的反映。因此，初学者应重视和坚持在这方面的要求和锻炼。

　　素描写生的构图，应根据立意进行探索和确定。不同的题材、不同的练习项目，都有各自的要求和规律，需要在平时训练中去体会和运用。（参见图47）

图48　物体大小适中构图合理

图49　物体构图过于偏小

图50　物体构图过于偏满

图51　物体构图过于偏右

构图中应注意以下几个问题。

(1) 写生对象主体的范围大小，应与画幅的尺寸相适应。如画人像、石膏像以及画静物时，画得过小，会影响构图的饱满，画面显得空荡；画得过大，以至越出画外，构图则显得堵塞、呆拙。物体在画面中应遵循上紧下松的视觉特点，上面的空间比下面的空间略紧一些，只要使主体大小得当，就会使画面比较舒服、协调。布局不协调、不完整，就失去了艺术表现的效果。

(2) 每幅画的对象不同，作画的位置角度也不同，因此构图应有它本身的特点。构图不仅是轮廓位置关系的确定，还应包括色调深浅和线条的疏密等变化关系的把握。素描作品的签名题字，也应是组成构图的一部分，必须照顾构图的整体需要。如果题字位置不当、字形过大、字迹过重，都会造成喧宾夺主的效果，对构图产生不利影响。

(3) 构图又称"置阵布势"，应是"险"与"稳"的结合。有"险"无"稳"，会失去均衡，产生不安的感觉；有"稳"无"险"，则四平八稳，失去了生动感。"稳"与"险"是对立的统一，是均衡与变化的统一。根据画面主题的需要，"稳"与"险"要有所侧重，即稳中见险，或险中见稳。

(4) 构图应运用各种对比手法，达到变化统一。如宾主、虚实、远近、大小、明暗、浓淡、简繁、疏密、参差、藏露、曲直、横竖等对比变化手法。这些对比是相互联系的，应统一于表现的需要，并有所侧重。

(5) 构图应避免一些偶然现象。如视平线或水平面将画面分为上下二等分；电线杆、树木、建筑的某部分直线将画面

美　术

图52　物体构图过于偏上

图53　物体构图过于偏下

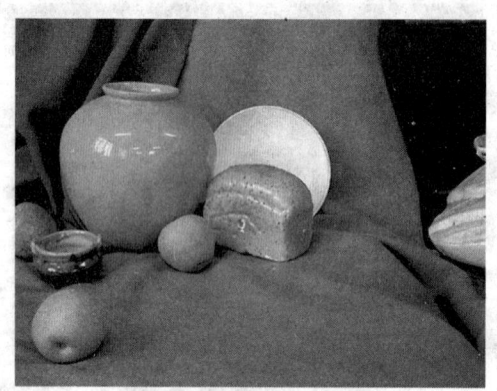

图54　物体构图过于偏左

分成左右二等分；山的斜线、路的边线、建筑物的斜线等恰与画面的对角线相吻合等，都会产生对构图的不利影响，破坏构图的生动性。

短期作业和长期作业，时间较充裕，在构图方面要从严要求。通常为了使构图更有把握，在正式作画之前，可作小草稿构图试探，多画一两个小草图进行比较，从中选优。这些小草图不仅要找构图位置、比例关系，还应在基本调子关系、色块对比、虚实关系等方面进行一些探讨。

用硬纸板剪制的取景框，对于寻找、确定构图很有帮助。取景框的长宽比例，应与画面的要求相适应才好；同时，也可用两手的食指和拇指相接，形成简易取景框，用于确定构图。根据绘画要求和意图，进行横构图或竖构图以及对画面进行得当取舍，既灵活又方便。

第二章

素描写生的基本方法

第一节 整体观察

绘画艺术通过画者对物体的观察和认识,将对象多方面的对比变化,用艺术的手法在画面中表现出来。不会正确地观察对象,就不能准确地表现对象;眼睛看不到变化,手就画不出变化;眼睛看不到统一,手就画不出统一;眼睛看不到本质,手就画不出本质。因此,要学好素描,学会全面地、整体地、深入地观察对象的方法,就显得特别重要。

作画时,为了有利于整体观察、全面比较,不可离写生对象太近,一般应选择离写生对象高度约三倍的距离为宜。观察物体要求认真仔细,但不失整体感;切忌将目光只盯住一些局部细节,要使眼光在对象身上、在画面上,反复参照观察、对比,上下、左右、前后全面照顾。即画左边时要照顾右边;画上边时要照顾下边;画前面时要看后面。只有如此观察,才能克服只顾局部、不顾整体的毛病。观察方法的正确与否,完全要通过素描实践来检验。正确的观察方法,也只有通过素描实践多学多练,才能逐步掌握。不少初学者素描的缺点,多数是由于观察方法的不正确而产生的。

一、观察与理解

观察与认识、理解对象,是绘画写生的前提条件,二者紧密地联系在一起,统率绘画的全过程。物体的形态,都有整体与局部的关系。局部细节具有丰富、生动性,而整体具有统一、完整性。失去与整体相联系的局部,必然杂乱无章;缺少局部的整体,必然空洞、单调。整体与局部之间,客观地存在着既对立而又统一的辩证关系。

在素描写生过程中,要贯穿感性认识和理性分析的结合,形象思维与逻辑思维的结合。提倡整体地观察与本质地认识的方法,就是要把上述各方面的关系有机地结合在一起,不仅要求画准对象的形体结构、明暗变化等各种关系,而且要力求达到经过自己主观加工后的艺术美和整体美。(参见图55)

二、概括地看

客观物体是复杂多样的,不妨将其简化、概括,先看构成对象的基本几何形体,也就是它的"大"形,会容易抓住对象整体的主要特征。民间艺术将人物面部形象概括为"国""目""申""风"等,就是从整体上简化,突出人物的面部主要特征,进行简明扼要地概括。

图55 （作者：大卫·布朗）

图56 （作者：费欣）

图57 （作者：俞建国）

在现实生活中，物体的轮廓都是由不规则的曲线与直线相结合构成的，其长、短、方向的变化不甚明确。若将曲线演变成直线看，则容易从整体上明确对象形体的体面转折方向与比例关系。

画画如同建筑施工，基本框架形成后，其余构件方可有立足之地。抓住构成物体的基本形体，先简后繁，先大后小，即使是很复杂的形体结构，也很容易把握了。

观察对象的明暗调子，也必须先看黑、白、灰的关系，摄取简捷、明快的印象，然后再通过比较，看到亮部、暗部及中间调子的深浅变化。（参见图56、图57、图58）

三、比较地看

整体观察并非只看大体，不看细部，而是要在看细部时，注意到它与整体的联系以及与其他细部的区别。形体的比例、体量的大小、空间位置的确定、明暗调子的变化、质感的区别，都是通过比较才得以区分的。物体的个性特征即区别，不经过比较是无法辨别其差异的。而局部的观察方法之所以是孤立地看对象，原因就在于在观察中没有进行比较。教师在辅导学生时，经常提醒"画左边时要看看右边，画前面时要看看后面，画上面时要看看下面"，由此可见，比较是十分重要的。如果不能注意比较，会使画面里的许多次要的部位被刻画得过于细致，从而喧宾夺主。

长与短、大与小、曲与直、黑与白、虚与实、远与近，都是互为参照的对象。同时观察两个或几个形体，才能进行全面的比较，区别异同。比较地看，易于区别形象的特征、局部的变化，增强表现的准确性和完整性。(参见图59、图60)

图58 （作者：王东春）

四、联系地看

写生对象是一个有机的整体。构成整体的各个局部，都有自己的个性特征，并且遵循一定的结构规律，紧密地联系在一起。因此，局部与局部、局部与整体之间，都发生着密切的联系。只有将各方面联系起来观察，才能准确地掌握物体的形态特征和结构规律。

就建筑造型而言，其各部分形体均按一定的比例、尺度、均衡、韵律、对比等原则进行组合，构成整体的艺术形象，同时又以单体或群体的形象与其周围环境(天空、山水、树木等)相互呼应，形成特有的人文自然景观。

图59 （作者：王婧）

图60 （作者：王东春）

就人物而言,头、颈、胸、躯干及四肢,都按一定的解剖规律构成一体,在运动状态下产生丰富而生动的体态变化。观察时,除了看准各部分形体之外,还必须看到大的动势,以此来组织各部分的形体。

整体与局部是统一与变化的关系,对形象的表现要在统一中求变化。物体各部分的明暗层次,需要统一的调子来协调互相之间的关系。如果没有统一的调子,明暗关系就会混乱。(参见图61)

第二节 作画的基本要领

一、辅助线

画素描写生时,为了准确地确定物体形象在画面上的位置,便于观察比较整体与局部、局部与局部之间的关系,寻找物体正确的比例和形状角度,利用一些辅助线确定形体大的比例、透视关系是很有必要的。(参见图62)

(一)水平辅助线

水平辅助线与画幅上下边线平行,便于画出物象在水平线上、下的比例关系,检查接近水平方向的斜线的倾斜度及透视方向。水平辅助线是辅助线中的最基本的直线。

(二)垂直辅助线

垂直辅助线与画幅左右边线平行,便于画出物体在垂直线左、右的比例关系,检查接近垂直方向的斜线的倾斜度及

图61 (作者:杨亦谦)

图62 (作者:杨艳)

透视方向，还可以作为物体左右对称的轴线，检查形体左右对称关系和左右不明显的点的识别。垂直辅助线也是辅助线中最基本的直线。

（三）斜辅助线

斜辅助线，是指非水平或垂直方向的直线。斜线与其他辅助线相交，表明形体轮廓转折的角度，其交点表明形体主要点的空间位置。用斜线可以把物体各个局部联系起来，呈现出明确的动势。

二、先长后短

素描写生要求先整体后局部，先大块后细微。先长后短，就是基于这一要求提出的。

长线条，便于联系形体的各部分，便于简要地观察和表现物体大的比例、转折关系。作画前期，用长线条表现，有利于画者对画面全局的把握与控制。

短线条适合表现形体块面的转折和细部的深入刻画，从直线到曲线，需要由短的直线来过渡。（参见图63）

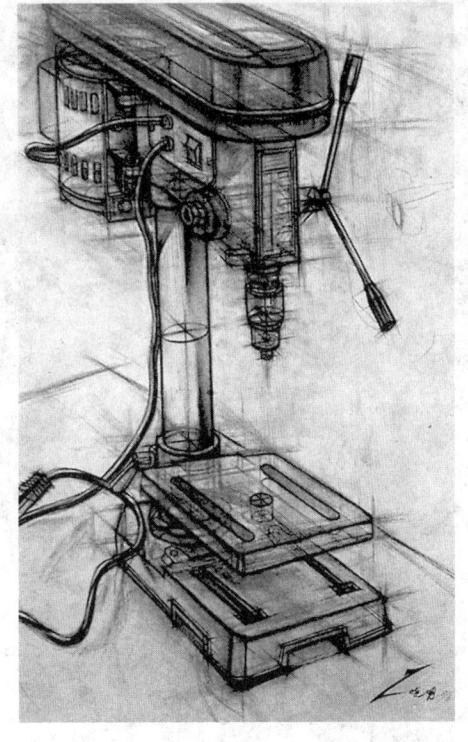

图63　（作者：吴晓明）

三、宁方勿圆

在探索形体特征过程中，要多强调体面的转折关系，包括轮廓线的转折变化，都要求宁肯方些，不可圆些。这不是意味着越方越好，要正确理解这句话的含义。

物体的轮廓线，大多数是由不规则的曲线所组成，曲线弧度转折的方向是微妙的，比较难把握，对初学者来说更显得困难。将其视为许多短小的折线，转折方向就明确了。例如，画一个圆，用曲线直接画圆就比较困难，若先画一个正方形，再用直线切掉四个角，逐步切掉多余的角，长的直线越来越短，呈折线状，最后折线消失变成曲线。作为学画的初步阶段，用这样的方法比较容易把握住对象。

为了纠正初学者容易被繁琐的细节形象所干扰的现象，徐悲鸿先生在素描教学中，曾提出"宁方勿圆"的主张。其目的，就在于要求学生准确地画出形体块面的转折方向。

因此，在画素描时，要曲线直看、曲线直画。这与那种似是而非、圆乎乎毫无棱角的造型的画面效果，是截然不同的。（参见图64、图65）

美 术

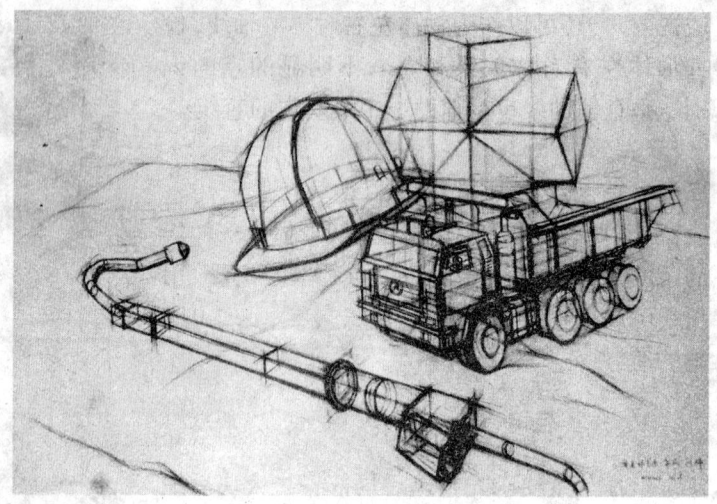

图64 （作者：孙烨）

图65 （作者：王东春）

四、宁脏勿净

为了深入地表现对象，应不断地纠正画面的不准之处，在表现形体结构特征的过程中，画面自然地要留有反复修改的痕迹，但不必为此不安，不要为了追求画面的干净而影响绘画效果的追求，更不要有意地去修饰画面，使其失去质朴与生动。

从字面上看，美与脏是矛盾的，美与净是一致的；但从绘画视觉的真实感去理解，为了达到视觉真实美的境界，就必须要宁脏勿净。

在素描练习中，应在思想上放开一些，不要因为画脏一点就擦、就改，一味追求画面的整洁。为了达到素描所要求的学习目的，宁肯画面脏些，也不要为了保持干净而使画面深入不下去。（参见图66）

五、虚实

我国传统画论中强调的"虚实相生"，意思是说用笔造型必须注意反映物体的虚实变化，做到虚中有实，实中有虚，虚虚实实，层出不穷。

素描中的形体结构表现，要虚而不浮，实而不板。虚实就是要求画面处理上有主有次，突出重点，不要平均对待。

虚与实是相对存在的，虚实对比也要注意层次变化。如果处处强烈，就等于没有强烈。运用强烈的对比手法，要结合画面的实际，不可滥用。（参见图67）

第二章 素描写生的基本方法

图66 （作者：陈君）

六、刚柔

物体的形体结构在质的方面，有刚柔之分。例如，骨骼明显处宜刚，肌肉丰满处宜柔。物体的形体结构在各方面的转折关系中，有程度不同的刚柔变化。刚与柔之间有各种层次，画写生时要符合实际地强调或减弱。在初学者中，常常出现没有刚柔变化，处处一样，或刚柔关系简单化的毛病。有的学生把转折有力的形象，画成软绵绵的形象，画面毫无精神。

轮廓线、明暗交界线，要有刚柔的对比，也要有虚实的变化。（参见图68）

图67 （作者：徐鸿印）

图68

第三节　作画的步骤与方法

一、落笔之前

作画之前，首先要选择写生的角度，要全面地观察、分析你所表现的对象。对物体要有一个整体的感觉和整体的认识，要找到自己的感受和趣味所在，选择一个最适合自己的位置。初学者往往不注意这一点，拿起画板随便坐下来就画，这对画好一幅画是不利的。落笔之前的观察、选择，实际上是画者和被描绘对象进行情感交流的环节。通过片刻短暂的"对话"，使画者产生描绘对象的欲望，做到胸有成竹。

二、构图起稿

经过整体的观察、分析后，确定画面的构图。即要用线条定出大的构图位置和物体大的比例关系，把物体简化为几何形体整体落笔，要求画面物体大小与位置适当，不可把物体画得太大或太小，太上或太下、太偏，要突出主体，构图均衡，用线要长、要整，用直线不用弧线，线条力求简练、大气，不能太重、太死，以便于修改调整。

在此阶段，要充分借助辅助线的作用。辅助线在整个作画过程中，充当了无名英雄的角色。为了准确地确定物体在画面上的位置和形体比例，利用垂直线、水平线与斜线，将物体上一些主要的点联系起来，从中找出准确的形体关系。

构图、轮廓阶段要丢开繁琐的细节，要从大处着眼、整体入手，用轻松的直线概括出对象的基本形体结构。线条要先方后圆，先长后短。这一阶段要求大的比例、结构、透视关系基本准确，不可有大的偏差。（参见图69）

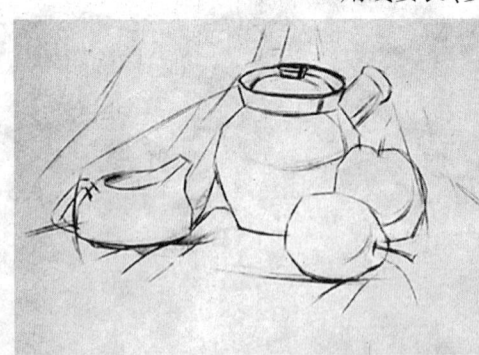

图69

三、大体明暗

画大体明暗时，要把眼睛眯起来观察，分析对象大的明暗效果和明暗变化，从暗部入手，铺出暗面的调子，并将物象边缘附近的背景画上相应的明暗，衬托物体的受光部分，使所画的对象基本上初具立体感。（参见图70、图71）

图70

第二章　素描写生的基本方法

图 71

图 72

四、深入刻画

在大体轮廓与明暗的基础上，要画出物体细部的形体结构和明暗变化，分析物体细微的体面转折和虚实变化。在这一阶段，必须随时注意局部与整体的关系、局部与局部的关系。切勿画其一点，不顾其余，某一部分画得相当深入了，而其他部位却尚未动笔。应该齐头并进，全面照顾，每一步骤都必须有相对的完整性。

深入刻画还需要抓住重点，防止面面俱到，要有主有次、有虚有实，用艺术处理手法进行概括、提炼，使画面达到较强的艺术效果。（参见图72）

五、整体调整

素描的最后一步是调整。整体调整不仅能准确如实地描写，而且画者在整体调整过程中，能更深入地认识对象，用自己的审美感受和趣味去加工对象，使它接近画者理想的画面效果。

作画时的第一印象是物体给画者留下的最初印象，需要找回这种明晰的第一印象，并以此为依据，来调整画面。画过头的地方要削弱，画得不够的地方要加强。最后，求得完整的、有艺术性的画面。（参见图73）

图 73　（作者：李淮安）

第三章

素描写生练习

第一节 形体写生概述

一、几何形体概述

学习素描，多数要从几何形体写生开始。几何形体写生对初学者来说有何帮助并能解决哪些问题呢？几何形体是构成物体的最基本形态。初学者通过研究几何形体，可以了解形体的透视规律、光的照射规律，塑造形体的明暗法则和物体之间的比例及构成关系。通过对这些问题的了解，能较快地帮助人们提高对形体的归纳、提炼和概括的能力。用几何石膏模型作为基础阶段的写生训练，目的就是略去固有色的因素，集中研究、表现物体的形体结构、透视、比例及明暗变化，使初学者容易认识和表现。

二、线条练习

(一) 线条的概念及作用

一支笔从纸上划过就会留下痕迹，这就是线条。线条是素描的基本要素之一，构图、打轮廓、划分比例、表现明暗、刻画形体等，都离不开线条的作用。线条是千变万化的，或浓或淡，或粗或细，或长或短，或直或曲，或刚或柔。线条运用得当，能充分展示其艺术表现力。但是，对线条的忽视，在初学者的画中经常看到。由于他们长期停留在不重视线条，不会画线条的状态，其画面的线条杂乱无章，没有规矩，不能够用美的线条表现物体的形体结构，这在学习方法上是十分错误的。因此，在学画素描的开始，必须进行线条练习。初画线条时，不要犹豫胆怯，要放开手去画。练线条的基本要求是画长线，线条要画得肯定、流畅、准确。（参见图74、图75）

图74 （作者：王东春）

图 75

（二）练线条的具体方法

(1) 将画纸钉在竖立的画板上。

(2) 悬臂、悬腕，画板与眼睛相距一臂。

(3) 从画直线做起，不用直尺，徒手来画。直线要求练垂线、横线和斜线。手的用力要均匀，沿着自上而下、自下而上、自左而右、自右而左等不同的运线方向进行练习。运笔时，要学会转动笔芯，以保持线条的尖挺。线条两端的笔画较轻，应呈尖、细状。

(4) 定点连线练习。随意定几个点，再从一点画直线至另一点，线条要直，并且正好穿过预定的点。

(5) 曲线直画练习。任意画一个曲线形状，然后用不同方向的直线切割，将曲线形状画出。

美 术

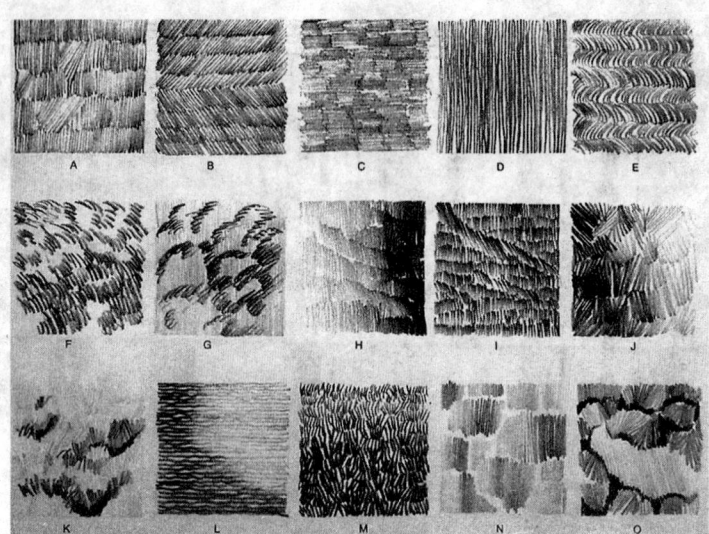

图 76

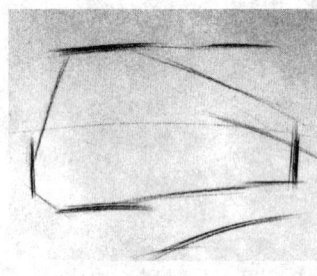

图 77

（6）等距离分割练习。将一条直线用目测分二等分、三等分、四等分，以训练眼睛判断的准确性。

（7）色块练习。用密集排列的线条和交叉线条组成不同深浅的色块进行练习，表现明暗的渐变。

上述练习，不是一两天就能练成的，也不是一定要把线条练得很完美才能画画。但是，经过反复不断的训练，对培养造型能力能起到重要的辅助作用。当你能够随便画出均匀、有力、奔放、轻松的线条时，表明你已经初步具备了手的灵巧和眼睛的敏锐这两个基本条件，以后转入素描写生时，从这些大量枯燥的线条训练中，得到的益处会使你充满信心。（参见图 76）

三、透视结构画法

图 78

以组合几何形体为例，透视结构画法共分下列三个步骤。

第一步：首先，对面前这一组几何形体的各种位置关系做一个整体的了解。把正方体、圆柱体、锥体、长方体当做一个构成体去观察。把整体的构图和大致的形体比例简要地画出。（参见图 77、图 78、图 79）

第二步：在垂直线之间画出横线和斜线，划分大的比例关系。形体各部分要联系起来看，逐步使物体形状趋于完整。（参见图 80、图 81）

图 79

第三步：严格调整各形体的透视比例关系以及形体与形体之间的位置角度，注意表现物体的空间关系。用笔要有轻有重、有虚有实。尽可能把一些看不见的透视形体用淡而虚的线画出来，以便分析、理解与比较形体的结构关系，提高想

图80

图81

图82 （作者:何方）

像力。(参见图82)

四、明暗画法

以石膏几何体为例,明暗画法共分下列四个步骤。

第一步:用辅助线在纸的上下左右拟定其整体构图位置,注意物体的大小以及与画面四边的位置关系,同时画出锥体、圆球、正方体和圆柱的高度、宽度,定出形体之间的比例关系。(参见图83)

第二步:用直线画出物体的造型,注意线条粗细、轻重的变化。受光面的线条可以淡一些,背光面的线条则可以浓些、粗些,切忌把轮廓画成死板的框框。从明暗交界线、投影入手,画出大体的明暗关系。注意线条轻松、大块。以使用3B软铅为宜,用大块色调划分出暗部的浓淡层次,背景的调子同时画出。(参见图84、图85)

图83

图84

美 术

图 85

图 86

图 87　（作者：李淮安）

　　第三步：画出整体的空间环境，中间色调要跟上，注意黑、白、灰调子之间的比较，明暗层次尽可能拉开，明暗对比要强烈。（参见图86）

　　第四步：深入刻画物体与空间的关系，注意中间调子的过渡与层次变化，强调体积感，做必要的虚实处理。（参见图87）

第二节　静物写生

一、如何摆静物

　　摆静物的过程，实际上就是静物写生的构思参与过程，对画者来说乃是一种美的创造。其自始至终都包容了作者对构图效果的思索和探求。如何把一些不同的物体组织在一起，使它们处在一种相互联系的和谐的环境，这不是一件容易的事，需要在选择与布置静物时,注意下列几个方面的问题。

(1)一组静物的选择与搭配,在内容上要尽可能协调、合理。例如,将木工用的工具和水果茶具放在一起,就会感到不协调。

(2)形体上要有对比。例如,物体在形状上有高低对比、大小对比、方圆对比、宽窄对比等。不要把大小形状差别不明显的物体组合在一起。

(3)物体的造型要鲜明,有主有次。一组静物最好能有一两件作为主体物,其他均作为陪衬,主体物的造型应尽可能有特色,陪衬物体包括衬布在内,均应和谐,并为衬托主体服务。

(4)物体的色彩明度应有差异。一组静物必须考虑具有黑、白、灰三大明暗层次,同时也要注意它们相互间的轻重分量和位置的搭配。

(5)物体质地应有差异。摆放静物时,应考虑到不同质感物体组合在一起形成的对比,如软与硬、厚与薄、光滑与粗糙以及分量上的轻重对比等。

初学者在静物的选择与布置上,应遵循由简到繁、由浅入深、循序渐进的原则,不可盲目求多,没有计划。不同的学习阶段对静物布置的要求也不同,哪些静物解决哪些问题,要根据具体的学习要求和进度而定。(参见图88)

二、静物写生的基本步骤

以组合静物为例,静物写生分下列四个步骤。

第一步:选择写生的最佳角度。全面观察对象5分钟。对

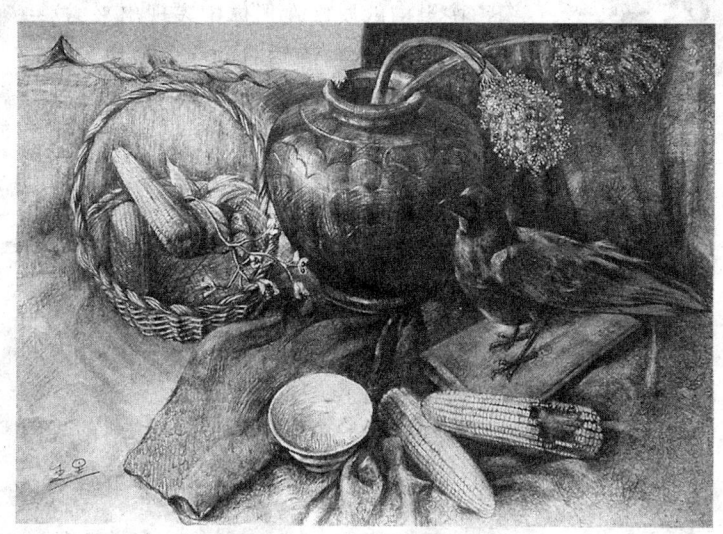

图88 (作者:王昙)

图89

图90

图91

图92

构图、形体比例、明暗关系作整体的认识,并想像画完的画面效果。用辅助线协助构图,拟定物体的空间位置,要求空间得当、主体突出而不拥挤。从静物组织的总形态入手。分析形体结构的整体与局部之间的关系,不可孤立地单个堆砌,画完一个物体再画其他物体;否则,将会失去对素描整体的把握。

形体比例、透视是这个阶段的重点。(参见图89)

第二步:具备了和谐的构图、大致正确的形体造型后,把整体的明暗块面作概括的标示。从背光部位着手,用笔要轻松,用线要长,切忌把暗部画得太黑、太死。画出的大体明暗色调,使静物的形象处在一定的空间之中。

然后,把静物色彩的黑、白、灰关系比较一下,按黑白的层次在形体中表现出来,这一步也恰好是画水粉静物时的涂大色块。明暗层次的正确表现,是静物素描的重要基础。(参见图90、图91)

第三步:从主体的羊头开始,深入具体地刻画对象。由于羊头有了初步的色彩明度,现在的重点应是明暗色调的变化,使其进一步充实起来,造型更加完整。羊头的质地很有光泽,其暗部的反光较明显,刻画时既要注意细节、肌理、质地,也不能破坏它的整体感和大的黑白关系,不能有太花、太乱的感觉。

为了增强静物的深度感和形象对比的丰富性,将前景白衬布的褶纹具体刻画和强调一下很有必要。此时的静物大体上初具规模。(参见图92)

图93　（作者：李昌国）

第四步：前景的水果具有丰富的中间色彩层次，刻画时要注意归纳、概括，使其层次分明，具有立体感。同时，要考虑与后面陶罐、羊头、背景布的空间关系，要把它们之间的距离拉开。这一刻画过程，要充分运用虚实的处理手法，什么地方该强调，什么地方该减弱，做到从整体的角度进行控制。局部的深入刻画，也要时刻关照整体的需要，不可画此失彼、喧宾夺主。

经过反复的描绘，各部分的形体塑造基本完成，最后站在整体关系的角度，把整个静物的色调层次比较一下是很有必要的。如把有些觉得过于亮的部分稍加减弱一些，有些过于黑的部分稍微提亮等等。素描结束前的综合调整，对画面的效果很重要，不要草草收笔。调整完你的画面，这幅静物素描即告结束。（参见图93）

图94　（作者：俞建国）

第三节　石膏头像写生

一、头部的基本形体特征

（一）比例

人物头部比例，古典比例法中的"三停五眼"是度量一般头部比例的依据。

"竖三停"：正面头部垂直三等分，额——眉、眉——鼻底、鼻底——下颌。

"横五眼"：从左至右的面部横向可容纳五眼宽，两眼间

图95　（作者：封加樑）　　图96　（作者：俞建国）

距离为一眼的宽度。

眼睛在头部高的二分之一处，嘴角在鼻底至颏隆突的二分之一处，耳长为眉与鼻底之长，两眼的内眼角垂直大约为鼻翼之宽，嘴角延伸至上大致可与上眼睛虹膜的中线相等，外眼角至嘴角约等于耳屏长度。

（二）结构

人物头部结构复杂，研究时一定要进行概括。要从造型的需要出发，整体地、立体地、运动地研究它，决不能零碎地、平面地、静止地理解与表现。由于头部肌肉较浅薄，所以头的基本造型是由头骨的组合形状决定的。

组成头骨的22块骨头，其中主要有：（1）额骨；（2）颧骨；（3）鼻骨；（4）颞骨；（5）顶骨；（6）上颌骨；（7）下颌骨；（8）枕骨等连接而成，并形成了几个突出的点，称为"骨点"。由于骨点的形状、位置因人而异，因此使外部形状产生了差异。在写生时，应画准这些部位，把这些"骨点"用线连起来，就形成了头部的造型基础，它是表现不同人物特质的重要依据。（参见图96、图97）

头部的肌肉比较薄而且复杂，对于绘画者来说，只需要了解主要的肌肉与它们对表情的作用即可。概括起来，可以分为两大类：一类是扩张肌，欢乐、愉快的表情是通过颧肌、上唇方肌、颊肌等使嘴角、下巴、鼻、脸颊向外上方拉动而形成；另一类，是"收缩肌"，悲苦、愤怒的表情是通

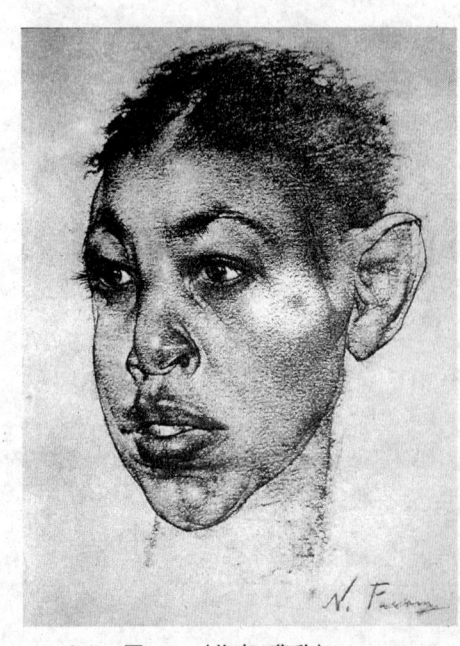

图97　（作者：费欣）

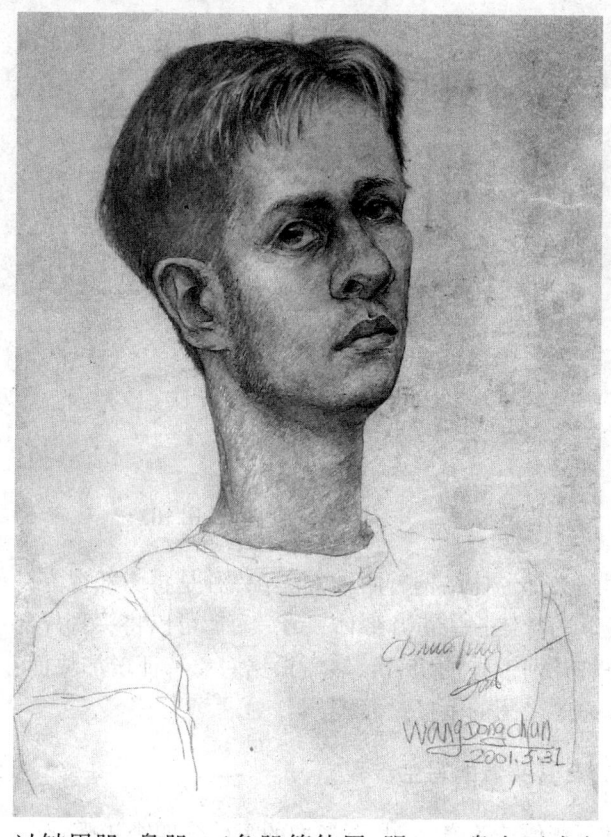

图98　（作者：王东春）

过皱眉肌、鼻肌、三角肌等使眉、眼、口、鼻向下或向内拉动而形成。（参见图98）

头部骨架是一个处于圆球体和立方体之间的复合体。在写生时，要正确运用几何体的概括手法，找到头部的基本形体和它们之间的组合方式，进行形体切割，逐步接近对象的造型特征。

头像的范围应包括头、颈、胸三部分。这三部分可以分别归纳成变了形的圆球体、圆柱体和几何体。（参见图99）

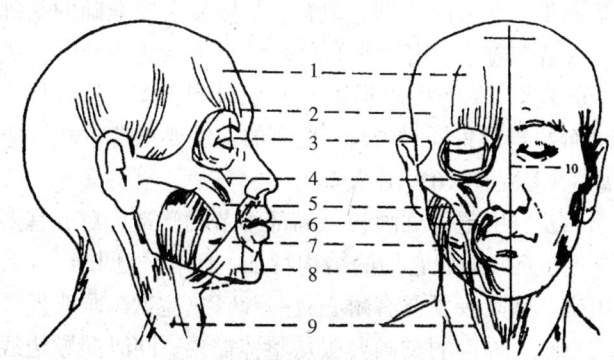

扩张肌：5. 颧肌；4. 上唇方肌；7. 颊肌
收缩肌：2. 皱眉肌；10. 鼻肌；8. 三角肌；1. 额肌；3. 眼轮匝肌；6. 口轮匝肌；9. 胸锁乳突

图99

美 术

图100

图101

图102

图103

理解头部形体结构有两种方法：一种是将头部视为一个变了形的球体——蛋圆形体；另一种，可以将头骨外部视为各种几何形体的组合，然后根据对象特征增加块面，处理好它们之间的衔接过渡。

二、石膏头像的写生步骤

以石膏像美第奇为例，石膏像的写生分四个步骤。

第一步：选择角度，认真观察，对头像作一个总体的了解。用长线条将头、胸、底座作为整体考虑，恰当地安排于画纸上。（参见图100）

第二步：划分大的比例，头发、脸部、颈胸、底座的比例关系。用头部的中心线与横线条初步定出头的动势与角度。注意线条要有轻重变化，轮廓的开始就要体现很强的体积、空间概念。（参见图101、图102）

第三步：在大的比例、动态、结构关系较准确的基础上，可以暗部着手，用大块的色调画出头像的明暗转折关系，区分受光、背光大的体面的色调，不能琐碎，只盯住局部。暗面要与背景同时处理，亮面的边线要与背景拉开空间距离。（参见图103、图104）

图104

第四步：由整体刻画转入局部细节的塑造，对五官要仔细研究，充分把握它们的结构特征，把体积、凹凸、虚实表现出来。刻画头发要有耐心，注意疏密、主次。画头发要有体块意识，局部的刻画要服从整体需要，同时照顾边线的处理，注意强弱、虚实的变化。退远几步检查画面的效果，局部与整体是否统一，发现不足之处应加以调整。比

图105　（作者：冯家骆）

如，有的地方画过头了，有的地方则画得不够；有的画得太实，有的则太虚等等。

　　从整体到局部、局部到整体的多次反复，最后加上主观的艺术处理，这幅石膏头像就画好了。（参见图105）

第四节　素描中经常出现的问题

　　在素描训练中，画面上最常出现的一些问题，应该引起初学者的注意。下面就以明暗画法为例，分别阐述其成因与调整修改的方法。

一、花

　　花，是指整体感不强，描写对象时较多地注意了局部的

图106 （作者：封加樑）

图107

明暗关系，而缺乏全面比较，不考虑亮部、暗部、方向的位置。即用相同的淡色表现不同程度的明部，用相同的深色表现不同程度的灰暗处，并且都画得相当具体细致，以致色调散乱，整幅画没有系统的明暗层次；调子不统一。

调整修改的方法：加强整体观念，作画时多注意明暗层次的比较，首先区分大的画面关系，找出对象最深、最浅的色调所在，做到心中有数，然后仔细调整局部的层次，统一整个画面调子。调整时，要舍得把前面用了精力画出来的复杂细致的层次，大胆地简化、概括，突出主体，增强整体感。

二、灰

灰，是指画面没有精神，该亮的不亮，该深的不深，画面灰色过多而缺少黑白两极的调子。造成这种情况的原因，多数是由于观察方法或表现方法有问题，不能准确地控制画面色调，以至于画面灰暗、层次单调，没有理想的体积感和空间感。

调整修改的方法：把该亮的部位用橡皮提亮，尽可能地加深暗部，把明暗两大块区分开来，拉大黑白两极的差别，使画面亮起来。

三、平

平,是指体积感不强,作画时没能注意整体观察、整体表现,只热衷于局部的刻画。写生时不习惯眯眼睛,不会分析大块的明暗转折;边线的处理呆板,没有虚实感,造成画面的总体色调变化不强;前后拉不开空间距离,物体没有厚度。

调整修改的方法:加强体积意识,观察时比较地看,跳跃地看,把调子的对比层次拉开。注意明暗的虚实变化以及边线和背景的空间关系,强调明暗交界线的作用。

四、糊

糊,是指形体块面的转折关系模糊。造成模糊的原因,是由于画者缺乏对形体结构的理解能力,表现对象时不够肯定,似是而非,使画面模模糊糊,物体的形象不明确。

调整修改的方法:从对形体结构的理解入手,仔细观察、分析理解物体的体块转折,明确面与面的过渡变化,加强虚实的处理,实的地方用笔明确而肯定,虚的地方用笔轻而松。

五、脏

脏,是指画面上该亮的黑了,该暗的画亮了,灰色雷同混乱。前面提过的"宁脏勿净"的脏,不是指这里讲的脏,这里指的"脏"是违背明暗的造型规律。画面出现脏的毛病,究其原因有两个:一是体面划分有误,形不准确,把暗部错画为亮部,或把亮部伸展到了暗部;二是明暗关系不对,把调子的深浅画错了,该亮的画暗了,或该暗的画亮了。这些关系的错位都会导致"脏"。

调整修改的方法:若发现某一部分有"脏"的感觉,应先检查一下体面分析是否恰当,再看深浅是否适度。从明暗的三大面、五大调的基本规律出发,修改画面的整体关系。

第四章

风 景 写 生

图108　（作者：列宾）

素描风景写生的任务，是研究和表现自然界各种景物的形体、空间色调以及意境。风景写生的目的，并不单纯是对客观景物的如实描绘，而是从选材、取景到表现的过程，它反映了作者对自然景物的认识，融会了作者的审美意识和思想感情，好的风景画，具有强烈的艺术感染力和审美价值。对从事建筑装饰设计的人员来说，掌握风景画的技巧，具备一定的风景写生能力，是非常必要的。

风景写生的难度，实际上并不亚于人物写生。除了明暗、结构、透视以外，作者要领悟风景中的精神性的东西，把握"山水灵性"如同把握人像的精神特征一样，要能借物寄情。这就要求对树木、石头、房屋、天空、山水的构成方法有深刻细致的理解和认识。自然环境的空间范围广大，景物繁多，风景画要求对这些复杂繁琐的物象，做出最大限度的取舍与概括，去掉一切对画面不利的东西，尽可能将主体突出。

风景画的灵魂是意境。所有景物的描写，都要围绕意境来进行，而不是为了表现各种景物的自然存在。一幅没有意境的风景画，即使把自然景物画得再逼真，也是没有感染力的。因此，风景写生的目的，不仅是把树画像、把山画像，更重要的是通过对自然风景的描绘，提高人们在风景表现方面的能力与修养，在大自然面前表现自己的认识和感受。（参见图108、图109）

图109　（作者：王东春）

图110　（作者：列宾）

第一节　风景画的基本知识

一、风景画的构图

画一幅风景画，首先遇到的问题是如何构图，即根据不同的对象、主题、画意，在画面上要确定位置。自然景物里的东西很多，必须区分主次关系和远近关系，它们之间既要有差别，又要有联系。

画风景写生之前，最好做一个取景框。对初学者来说，用取景框选择构图，比较容易、方便。

在构图时，应先确定地平线的位置。这样，可使景物的透视关系有依据，也是表示作画意图最初的基线。例如，在表现高耸的建筑物时，一般将地平线画得较低；而表现宽阔的田野时，则常把地平线画得较高，目的是为了更好地表现主体景物。（参见图110、图111）

图111

风景写生不能抄录自然，对于具体细节，必须有取舍扬抑，不可将所有看得见的东西都一一罗列出来。画面中的内容，也不能平均对待，要有主有次、有虚有实。一幅好的风景画，是作者对繁冗杂乱的自然景物进行选择，通过取舍、移景、概括来重新组织画面的，它渗透着作者主观的审美情趣。

在初学者的风景画中，经常出现的毛病是平、散、乱。造成"平"的原因，往往是由于没有分清主次、远近，没有主体意识，缺乏视觉中心的考虑与安排；造成"散"的原因，是因为没有进行整体的观察，而孤立地表现细节，使物与物之间缺乏有机地联系；造成"乱"的原因，一般是由于不会取舍，没有主次地罗列景物，看见什么画什么。

风景写生中的构图安排与处理，是整个作画过程中极为重要的。对于初学的人来说，由于缺乏经验，开始阶段可以反复地多画一些小草图，进行不同构图效果的尝试、推敲，以便提高风景构图的能力。

对于取景框的运用，要灵活掌握。取景框范围内的景物不可能有完整的美感，对那些影响画面效果的零乱细节应大胆舍去，而某些不在取景框范围内的、对画面效果有益的景物，可以移到画面中来，以弥补画面的不足。

风景画常用的构图形式，主要有以下几种。

1. 正三角形构图

正三角形构图，又称"金字塔形构图"，这种构图形式有一种坚实的稳定感，常用来表现建筑物、树木、山峰等高大稳重的物体。（参见图112、图113）

图112　（作者：凡高）

图113　（作者：勃鲁盖尔）

图114　（作者：康斯泰勃尔）

2. S形构图

这种构图有一种流动的韵律感,在风景中常用来表现蜿蜒的小河、起伏的山脉、弯曲的道路等。(参见图114)

3. 平行线构图

平行线构图常常有一种平稳、宁静、深远的意境,几条长短不同的平行线,逐渐归到远处的地平线上,给人以开阔、平稳的感觉。这种构图形式在风景画中出现较多。(参见图115)

4. 垂直线构图

这种构图给人以高耸、上升的感觉,常用来表现向上和向下的物体。例如,并排的大树、较高的建筑物等。(参见图116)

图115　（作者：凡高）

美术

图116　（作者：克里姆特）

5. 对角线构图

这种构图形式会给人一种不稳定的感觉，常常表现山与水的交错、大面积斜坡上的物体等。（参见图117）

二、风景画的空间透视

在风景写生中，从选择作画的角度，到确定构图以及空间距离的表现；从探索建筑物的体积，到建筑结构的描绘，都必须充分运用透视的规律去表现。倘若违背了透视的基本规律，画面就失去了真实感，达不到理想的画面效果。

透视角度的选择和视平线的确定，都应符合风景构图取"势"的需要。无论突出一座建筑物，还是表现一条道路，画一棵树或是画一片树林，都应围绕主题，在它们的周围进行一番观察、比较，确定在哪个角度写生较为合适。

作画时，所站的地势高，视平线就高，地平面上的东西就看得多；所站的地势低，地平面的东西就看得少，近处的景物和建筑物就显得高大。同一个景物，选择站着画或坐着画，其画面效果大不相同。因此，面对优美的景物，还有一个如何选择视点的问题。

空间感的表现是风景画写生的基本要求。画面的空间感，一般是通过所表现景物之间的空间距离来体现的，如道

图117　（作者：列维坦）

58

图118　（作者：杜比尼）

路、建筑物、田野、树林、天空等之间的距离远近。写生时要抓住最基本的远近关系，即近景、中景、远景三大空间层次。表现天空的广阔，也可按近、中、远三个层次划分，找出它们之间的变化规律。

　　画面的空间是靠用不同的造型手法来表现的。自然景物除了形体结构的透视之外，还有色彩透视、空气透视。作画时要充分调动素描的表现手段，运用对比手法加以表现。例如，线条的虚实、轻重，明暗层次由近向远的变化，疏密的对比等等。对景物进行的详略描写，也会增强一定的空间感。（参见图118）

三、风景画中的景物

（一）树木

图119　（作者：柯罗）

　　画树木要注意其特有的形态和生长规律：树由主干、树杈、树冠和根部组成。自根部到树梢上的枝杈由粗变细，树杈生长在树干上，有前后左右的变化。树干的倾斜、枝杈的伸曲、树叶的疏密，形成了树木特有的势态。不同类型的树木，其形态各异，具有各自独特的神韵。画树干要根据树干的质感、肌理去用笔，注意用树干上细下粗的过渡和线条、明暗的虚实变化，来表现出树干挺直或倾斜的动势。画树杈要掌握树的结构规律，结合树杈的长势，用笔有刚有柔地表现。画树叶，要根据不同形状特点的叶子造型，选择不同的笔触，抓住树叶前实后虚的变化，成组、成片地表现，不可画的凌乱，没有前后。（参见图119、图120、图121）

（二）田野

　　田野的特点因地而异，有的是田垄，有的是地垄，或丘

图120

图121 （作者：白文忠）

陵起伏，或湖泊河流，它们本身就有明显的起伏伸延界线。这些界线，有长有短，有强有弱，有的平行，有的交错。对这些纵横交错的地面景物，要进行仔细地分析，弄清它们的前后关系和来龙去脉，做到心中有数。同时，按照画面的整体需要，抓住主要特点，可以强调或省略。

远处田垄因透视线集结而感觉密集，但是用线不宜过重。远景多用轻、虚的手法去表现，但是必须虚中有物，不可模糊一片，不能因虚而产生单薄的效果。（参见图122、图123、图124）

(三) 山峦

画山首先要抓住外形轮廓的特点，表现山的厚实、稳

图122 （作者：列宾）

第四章 风景写生

图123　（作者：徐欣）

重。山有远、中、近的空间距离和不同的层次，画远山要抓住山脉转折起伏的整体气势，画近山则要强调刻画山脉的起伏、向背结构。在阳光下，山有明显的块面。通常土质的峰峦结构较圆浑，石质的山峰较峻峭，一山有一山的形势，群山有群山的形势，"近看取其质，远看取其势"，写生时要根据不同的情况采用不同的表现手法。（参见图125、图126）

（四）天空

天空是风景画中一个重要的组成部分。画天空要表现出开阔、空旷、无限深远的感觉。表现时，不可把天空画得太重，调子要轻一些，线条要虚一些，一般

图124　（作者：凡高）

图125　（作者：费迪南德·比特里）

61

图126 （作者：列宾）

在近处作些刻画，远处不宜刻画过多。同时，要注意天空的整体感，尤其在表现云层或云块时，要分清主次和前后，云层的大小位置要和构图的轻重联系起来考虑。云块要有聚有散、有大有小，写生时一定要归纳、提炼、概括，不可画成东一块、西一块，破坏画面的整体效果。（参见图127）

（五）水

水面的形与色，是天空、岸边景物倒影的综合。水的特点是透明、清澈，水面上反射天空的部分最亮，倒影的深浅根据岸边景物的色调而定。有风时，水的表面产生波纹，倒影不很清晰。画水时的用笔要果断、肯定，以灵活的笔触表现水的动感。水面空间距离的表现，要用近实远虚的手法描绘出纵深感。（参见图128、图129）

图127

图128 (作者:费迪南德·比特里)

图129 (作者:费迪南德·比特里)

图130 (作者:杨亦谦)

(六)人物、车辆、动物

运动中的人物、车辆和动物,给景物增添了生活意趣,同时也衬托了自然景物,加强了建筑物的体量。因此,写生时就注意他们在画面上的透视与构图位置。人与建筑物的尺度、空间关系,一般是先画景和建筑物,后画车辆和人物。画人物、车辆能活跃画面,点缀主题,但是对于一些不必要的罗列和位置数量的不协调,反而会画蛇添足,破坏画面。(参见图130)

(七)建筑物

画建筑,首先要抓住它的结构透视特点,如建筑物长、宽、高的比例关系,房顶、墙壁、门窗的造型特点。对这些特点进行一番观察、理解,做到心中有数,画起来就得心应手。

表现建筑物的关键是把握好透视,特别是处理远近和大小不同的建筑物,应有稳定合理的感觉。一般建筑物都具有坚实、厚重的特点,用笔要挺拔、有力。

建筑物的门窗在建筑风景写生中占很重要的位置,一座建筑物的"精神"往往是通过门窗表现出来的。门窗的大小比例要

图131 (作者:柴海利)

图132　（作者：欧阳桦）

图133　（作者：欧阳桦）

协调，局部刻画要仔细、深入，尽可能地表现出建筑物的质感，如砖、瓦、水泥、木、石、金属等。（参见图131、图132、图133）

第二节　钢笔表现风景画

钢笔画由于工具使用简便并具有较强的表现力，常被艺术家、设计家、建筑师作为一种艺术表现形式，如插图、装饰画、建筑表现画等等。

钢笔画是用单一颜色塑造形象，它也是素描的一种表现形式。钢笔画最早见于西方，具有悠久的历史。历代艺术家在长期的艺术实践中，创造积累了丰富的技法和经验，留给后人大量的艺术作品，有些作品具有很高的艺术价值。

一、钢笔画工具材料

（一）纸

钢笔画一般都选用表面光洁、质地坚硬并且吸水性不强的纸张。如绘图纸、速写纸、复印纸、卡纸、白板纸等。使用白色纸作画，黑白对比强烈，画面色调明朗；使用色纸作画，则可获得柔和典雅的效果。

（二）笔

笔主要有书法钢笔、自来水钢笔、蘸水笔、针管笔、塑料笔、签字笔等。此外，也有使用羽毛杆、硬芦秆、细竹管削制成尖头或扁头作画的。书法钢笔或蘸水钢笔画出的线条，有粗有细，富有变化；自来水笔针管笔画出的线条，挺拔有力，并具有装饰效果；用塑料笔作画，不仅具有钢笔画的特点，还可以画出色彩效果。

（三）墨水

有碳素墨水、自来水钢笔墨水（有蓝色、蓝黑色、黑色、棕色）和墨汁。钢笔画墨水一般以黑色为宜。书法钢笔、自来水钢笔、针管笔可用黑色碳素墨水，蘸水笔还可用墨汁。

另外，铅笔、砂胶、刷子以及其他制图工具，都可以作为辅助工具，需要根据画面灵活运用。（参见图134）

图134　（作者：凡高）

二、基础练习

（一）线条

线条是钢笔画造型的主要形式。画好钢笔画，首先要训练线条这一基本功。即通过运笔的变化表达物体的美感，如线条的粗细、松紧、曲直、连断、方圆、顺递、虚实、顿挫、转折等。线条的基本功，是保证画好钢笔画的基本条件。初学者应从画线入手，从直线到曲线以及各种线条的组合，运用不同的线条，组成不同的色调块面和造型效果。（参见图135）

（二）排线

钢笔画排线，主要是在形体块面中制造明暗层次，通过排线的多样变化来表现物体的立体感。因此，要研究排线的韵律和节奏，如排线的疏密、粗细、交叉、重叠和方向等变化所产生的画面效果。排线的长短、浓淡、方向等，要根据具体对象的造型特点来把握，注意控制手上的力度和速度。用笔的轻、重、快、慢，都会产生不同的画面效果。作画者要在不断的练习实践中积累经验，提高排线的技巧。（参见图136）

图135　（作者：柴海利）

图136　（作者：莫兰迪）

（三）概括

钢笔画由于工具材料的限制，不能像铅笔画那样可以任意地运用层次，反复添加或减弱来表现物体的微妙变化，因此就需要用洗练的手法去表现，把丰富的明暗变化层次概括为大块的钢笔排线，把复杂的形体提炼为精简的线条，通过主观的艺术处理，运用概括、归纳的手段来表现对象。排线手法的运用，就是减少或统一物体的明度差，划分大的明度对比，从而尽可能地体现清晰明净、黑白分明、简洁概括的特点。排线时一定要注意线条的疏密以及暗部的透明度，同时要考虑整体的黑白关系与搭配，要善于运用黑白对比强调突出主体效果。

第三节 速　写

一、速写概述

速写练习的目的，是培养画者敏锐的观察力和艺术概括的表现能力，用精练、简洁的笔墨捕捉物体的造型特征和内在精神。速写是素描的一部分，二者不可分割，又不能相互代替。它们各有特点，互相促进。不应该把素描和速写看成两回事、仅仅是时间的长短和快慢而已。坚持画速写练习，可以锻炼速写能力，同时也可以促进素描能力的提高；反过来，素描训练中的深入观察、认真分析的能力，又会促进速写水平的提高。素描和速写虽然各有侧重，但是它们的要求都是一致的，都要按照造型艺术的基本原则去表现，只是具体的表现形式和刻画物体的细腻程度不同而已。

速写可分为创作性速写和习作性速写两种。创作性速写是为创作搜集和积累素材所进行的速写，其目的不以提高基本功为主，而是利用快速的记录，到生活中寻找创作灵感和原始素材，有时需要画大场面的构图，有时则对某些景物作细致的描绘。习作性速写是通过由慢到快、由静到动、由浅入深、由简到繁、循序渐进的练习方式，反复多次地训练，提高敏锐的观察力和动手能力。对于学习建筑的学生来说，除了基础素描的训练外，应该多画习作性速写，尤其是与建筑物有关的内容更为重要。（参见图137、图138）

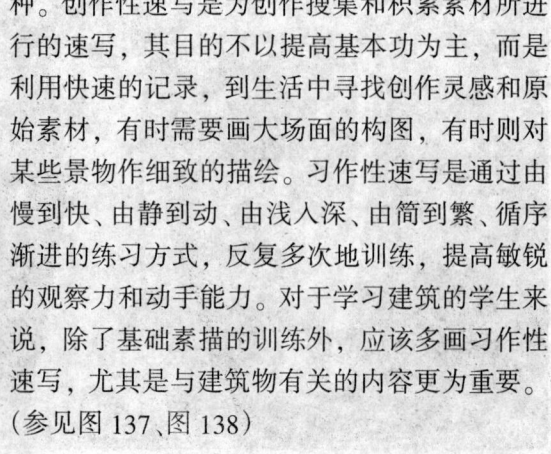

图 137　（作者：王东春）

图138 （作者：金岚）

图139 （作者：王东春）

二、速写的基本要求

速写练习时，面对繁杂多变的客观物象，画什么，怎么画，要求画者要精心观察，心中有数。根据自己的感受，首先要抓住对象的主要特征，做到"胸有成竹"地下笔。速写由于时间短，不能把对象做细致的刻画，因而用笔力求洗练概括，自如流畅，生动准确。作画时，不能只顾用笔的洒脱，而不顾内容的表现，把线条的流畅当作惟一的目的去追求；否则，会导致速写的公式化、概念化，缺乏准确性、真实性。

准确性在速写中一般不做严格的要求，由于时间和环境的因素，不能与对着物体精描细画的素描要求相一致。过于强求速写的准确性，势必会产生用笔刻板、生涩，失去其轻松、流畅的韵律，但也不能不求准确性。不追求准确性，就会失去画速写的意义，导致用笔随便，线条流畅有余而形体严谨不足。因此，画速写一定要处理好生动性和准确性的关系。（参见图139、图140）

图140 （作者：傅凯）

图141 （作者：金岚）

图142 （作者：王东春）

生活中，可供描绘的东西比比皆是，人物、风景、建筑物、动物等应有尽有。在画速写时，应根据不同的描写对象，不同的作画意图，采取相应的表现手法，有所侧重，有所取舍，分清主次，突出主题。例如，人像速写，应侧重生动地捕捉对象的神态特征；风景速写，应表现出环境优美的构图和意境；场面速写，应侧重表现人与物的构图位置以及疏密变化和动态变化。（参见图141、图142、图143）

三、默写和记忆

在速写练习过程中，常常会遇到瞬息多变的动态和景物。要把这些不稳定的形象和场面记录下来，必须依靠作者的记忆能力和默写能力。有时见到生动的形象和人物动态、精彩的场面和优美的构图，不可能看一眼画一笔，必须凭借印象和记忆及时默写下来。默写的画面只是一个总体形象，不可能和速写一样准确真实，但它有时会抓住一种不可多得

图143　（作者：袁运生）

的内在神韵。优秀的默写画，有时是很精彩的。经常做些默写练习，能提高表现对象的概括能力、记忆能力和想像能力。记忆能力和默写能力不是天生的，而是靠平时的刻苦练习逐步培养出来的。在日常生活中，要注意养成自己观察生活的良好习惯，通过观察认识的不断积累，逐步提高概括、提炼对象的表现技巧。同时，还要把素描、速写和默写结合起来进行训练。多画速写可以加强默写的能力；默写能力的提高，又能促进速写能力

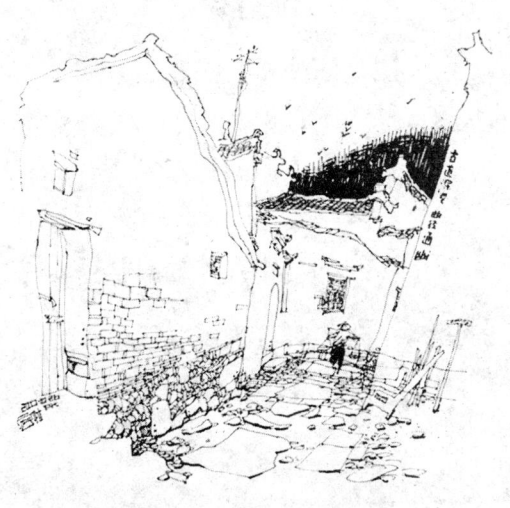

图144　（作者：傅凯）

图145　（作者：邱中巍）

的增强。因此,默写记忆训练对增强速写的能力、对素描的理解能力以及创作的想像能力大有帮助。在平时的训练当中,只要做到持之以恒,必有收获。(参见图144、图145、图146)

图146 (作者:王东春)

下 篇

色彩部分

第五章

色彩基础理论

第一节 概 述

众所周知,素描是造型艺术的基本要素,色彩也是造型艺术不可缺少的一部分。和素描相比,色彩更具有独特的艺术感染力和表现力。不论是生活用品、工业产品,还是建筑环境,无不存在于千变万化而又和谐统一的色彩世界里。

色彩学早已成为一门引人注目的科学,随着社会的发展,时代的进步,人们越来越注重色彩的功能与用途。不同的色彩,会给人们不同的感受。对于色彩科学方面的研究和应用,从物理学、化学、光学、生理学、心理学、生物学以及环境科学等方面,都取得了可喜的成果。当今社会,对于色彩学的运用十分广泛,可以说没有色彩,就没有艺术;没有色彩,就没有生活。

作为造型艺术的建筑装饰,更离不开色彩。任何一件优秀的建筑装饰设计作品,都在色彩的运用上表现出独到之处,独具匠心。建筑与色彩是不可分割的造型整体,从古到今色彩为建筑增添了多少魅力,为城市增添了多少光彩!如果生活中到处是一片灰色,千楼一面会让人感到单调、乏味、缺少活力;而建筑物和环境的色彩多样、鲜艳夺目,则会让人感到兴旺、昌盛、欣欣向荣。

由此可见,色彩所创造的心理效应和社会效应,是至关重要的。

对于从事建筑装饰设计的人员来说,学习色彩可以从两个方面来进行。首先,是掌握色彩学的基础理论,了解色彩的基本原理和规律,提高色彩的审美能力,以指导色彩的写生和设计;其次,是通过色彩写生的训练,掌握色彩表现的技法,提高用水粉、水彩的作画能力。总之,学习理论的目的,在于提高色彩的理论修养和素质;写生的目的,则在于提高正确的色彩观察方法和表现技能,从而加深对理论的理解,二者相辅相成。

第二节 光色原理

一、色彩的产生及本质

人们在白天能看到所有的物体都有丰富的颜色,而到了漆黑无光的晚上,这些色彩就会全部消失;若有灯光照射,则光照到哪里,就可以看到哪里的物体和色彩。这个现象说明一个最简单的道理：没有光，就没有色彩。

远在古希腊时期，先哲们就把色与光联系在一起。公元前4世纪的思想家德漠克利特提出了一种颜色视觉理论：假设物体射出四种色彩粒子——黑、白、红、绿，它们混合后产生各种颜色。在他之后的另一位古希腊思想家亚里士多德则认为：只有光的存在，才能见到色彩。（参见彩图1）

真正揭开光色之迷的是17世纪英国科学家牛顿。17世纪后半期，为改进刚发明不久的望远镜的清晰度，牛顿从光线通过玻璃镜的现象，开始了色光奥秘的研究：1666年，牛顿进行了著名的色散实验，将一束平行的白光（日光）通过三棱镜分解为鲜明的红、橙、黄、绿、青、蓝、紫七色光谱，光谱的任何一种光色都不能再进行分解；他还发现：非发光体的色，首先决定于照亮它的色光；其次决定于它们对投照的反映。牛顿的试验证明，物体色彩并非本身固有，而是由于色光的不同吸收和反射的性能所造成的。（参见彩图2）

光与色关系的发现，科学地揭示了色彩的原始本质，色彩不再是天空、树木、田野或肌肤的标记，而是宇宙中存在的一种高速运动的物质能量的方式。牛顿之后，大量的科学成果告诉人们：色彩是以色光为主体的客观存在，而对于人则是一种视象感觉。产生这种感觉基于三种因素：一是光；二是物体对光的反射；三是人的视觉器官——眼，即不同波长的可见光折射到物体上，有一部分波短的光被吸收，一部分波长的光被反射出来刺激人的眼睛，经过视觉神经传递到大脑，形成对物体的色彩信息，即人的色彩感觉。

光、物、眼三者之间的关系，构成了色彩研究和色彩学的基本内容，同时也是色彩实践的理论基础与依据。

二、光源色、物体色与固有色

物体色的呈现，与照射物体的光源色、物体的物理特性有关。同一物体在不同的光源下，将呈现不同的色彩：在白光照射下的白纸，呈白色；在红光照射下的白纸，呈红色；在绿光照射下的白纸，呈绿色。因此，光源色光谱成分的变化，必然对物体色产生影响。电灯光下的物体，带黄色；日光灯下的物体，偏青色；电焊光下的物体，偏浅青紫；晨曦与夕阳下的景物，呈橘红、橘黄色；白昼阳光下的景物，带浅黄色；月光下的景物，偏青绿色。光源色的亮度强弱，也会对物体产生影响。强光下的物体色会变淡，弱光下的物体色会变得模糊晦暗，只有中等光线强度下的物体色最清晰易辨。

光线照射到物体以后，会产生吸收、反射、透射等现象。各种物体又都具有选择性地吸收、反射和透射色光的特性。以物体对光的作用而言，大体可分为不透光和透光两种，通常称为"不透明体"和"透明体"。对于不透明体，它们的颜色取决于波长不同的各种色光的反射和吸收情况。如果一个物体几乎能反射阳光中的所有的色光，那么该物体就是白色的；反之，如果一个物体几乎能吸收阳光中所有的色光，那么该物体就是黑色的。可见，不透明物体的颜色，是由它所反射的色光决定的；透明物体的颜色，则是由它所透过的色光决定的。红色的玻璃之所以呈红色，是因为它只透过红光，吸收其他色光的缘故。

由于每一种物体对各种波长的光，都具有选择性地吸收与反射、透射的特殊功能，所以它们在相同的条件下（如光源、距离、环境等因素），就具有相对不变的色彩差别。人们习惯于把白色阳光下物体呈现的色彩的总和，称为物体的"固有色"。如白光下的红花绿叶,决不会在红光下仍然呈现红花绿叶,红光下的红花可能显得更红一些,而绿叶并不具备反射红光的特性,相反它吸收红光,因此绿叶在红光下就呈黑色了。

光的作用与物体的特征,是构成物体色的两个不可缺少的条件,它们既互相依存,又互相制约。只强调物体的特征而否定光源的作用,物体色就变成无水之源;只强调光源色的作用,而不承认物体的固有特性,也就否定了物体色的存在。在使用"固有色"一词时,切勿误解为某物体的颜色是固定不变的,在色彩实践中要克服这种偏见。

三、光色与颜料色

光色的混合,实际上是加光的混合,是光量的增加。两种光色混合时,光度是两色之和,合色愈多则光度愈强,愈接近白色。而颜料色的混合,是减光的混合,是光线的减少。两种颜色的光混合后,光度低于两色原来的光度。颜色混合愈多,被吸收的光线愈多,光度愈弱,愈接近黑色。可见,光色的混合和颜色的混合,其效果是相反的。颜色混合的次数愈多,其纯度愈低,愈近于灰暗。

第三节 色 彩 术 语

一、原色、间色、复色

(一)原色

色彩中的原色有三种。色光的三原色,分别为红、绿、蓝。颜料的三原色,分别为红、黄、蓝。(参见彩图3)

色光的三原色可以合成出所有色彩,同时相加呈白色光,而颜料的三原色从理论上讲,可以调配出其他任何色彩,同时相加呈黑色。因为常用的颜料中除了色素外,还含有其他化学成分,所以两种以上的颜色调和,纯度就会受影响,调和的色种越多,色就越不纯,也越不鲜明。颜料三种原色相加,只能得到一种黑浊色,而不是纯黑色。

(二)间色

由两个原色混合成为间色,又称"第二次色"。其调配方法,分等量与不等量两种。(参见彩图4)

等量颜料的原色调配,如红+黄=橙,红+蓝=紫,黄+蓝=绿。

不等量颜料的原色调配,由于两色比例不同而产生出色相较多的颜色。例如:

3红+蓝=2红+紫=红紫;

3蓝+红=2蓝+紫=蓝紫;

3黄+蓝=2黄+绿=黄绿;

3红+黄=2红+橙=红橙。

(三)复色

颜料的两个间色或一种原色和其对应的间色(红与绿、黄与紫、蓝与橙)相混合得复色,又称"第三次色"。复色中必然包含了所有原色的成分,只是由于各原色间的比例不等,所以才形成了不同的红灰、黄灰、绿灰等灰色调。

两间色混合成灰色,如橙+绿=橙绿(黄灰);橙+紫=橙紫(红灰);绿+紫=绿紫(蓝灰)。

原色与黑浊色混合,等于三原色与一过剩的原色混合,其效果与两间色混合相同。

间色与黑浊色混合,如橙+黑=橙灰;绿+黑=绿灰;紫+黑=紫灰。原色与其补色混合,如红+绿=黑浊色;橙十蓝=黑浊色;紫+黄=黑浊色。所以,黑浊色、黄灰色、红灰色、蓝灰色等,都是复色。

复色的调配可以和间色一样,用不等量的方法随意改变各色的调配用量,便能调出各种丰富多彩的灰色。(参见彩图5、彩图6)

二、色彩三要素

(一)色相

色相,是指色彩的相貌、名称。如红、黄、白、灰、绿等。色相是区分色彩的主要依据。

在自然界中,可以看到的色彩有成千上万种,而绝大多数的色彩是无法命名的,只能用近似地称它为偏黄的灰绿、偏蓝的紫灰等等来表达。

色相主要用来区分各种不同的色彩,培养人们对色彩敏锐、准确的辨别能力。阳光的六标准色是六种色相的区别。在六标准色之间,可以定出六个中间色,合称"12色环"。(参见彩图7)大致相当12色相的颜色如下:

红——大红;

橙——橘红;

黄——淡黄;

绿——中绿加少量黄;

青——天蓝;

紫——鲜紫(紫罗兰);

红橙——朱红;

黄橙——橘黄;

青绿——中绿加黄;

青绿——钴绿;

青紫——群青加少量红;

红紫——紫红。

各种颜料色需要通过比较,找出它们之间的差异;如红色中有朱红、大红、曙红、玫瑰红、深红;黄色中有淡黄、柠檬黄、中黄、土黄、橘黄;蓝色中有钴蓝、湖蓝、群青、普蓝。熟悉了各种颜料的色相,就能正确地认识和使用颜色。

(二)明度

明度,又称"光度",是指各种颜色的明暗程度。明度有两种含义:一是同一色相受光后,由于物体受光的强弱不一,产生了不同的明暗层次。如红色衣服受光后,即有浅红、淡红、深红、灰红等明暗层次变化之分,形成了红衣服的立体感。素描中明暗层次的五调子,就是归纳了物体明暗变化的规律。二是各种颜色之间明度的不同。如六标准色明度排列次序是:黄、橙、红、绿、青、紫;颜料色的明度排列为:淡黄、柠檬黄最亮,橙黄、土黄、天蓝、粉绿次亮,朱红、大红、土红、赭石、生褐稍暗,翠绿、群青、紫罗兰较暗,酞菁蓝、熟褐最暗。

在色彩学上,还习惯地把接近光谱红端区的光度较高的各色,称为"明色";将接近光谱紫端区的光度较低的各色,称为"暗色"。如红、橙、黄为明色,紫、青、蓝为暗色。然而,所谓明色、暗色、明调和暗调,仅仅是一种大体的划分。在实际运用和具体环境中,色彩的明暗并非固定不变,而是由色彩的排列组合产生的对比所决定的。如两个明色相比,较暗的明色便成了暗色;两个暗色相比,较明的暗色又成了明色。

色彩的明度是通过黑白显示出来的,黑白效果也必然在一定程度上体现出不同的色彩感觉。所以,素描关系也能在一定程度上体现出色彩效果,色彩效果中必然包含着素描关系。因此,明度对于体现物体的光感和质感,具有很大的意义。(参见彩图8)

(三)纯度

纯度,亦称"彩度""饱和度""色度",是指颜色的饱和纯粹程度。当一个颜色的色素包含量达到极限强度时,正好发挥其色彩的固有特征,这个颜色就达到了饱和程度。颜色在饱和程度时,就是该色相的标准色。如果在标准色中掺入灰色或其他颜色,其色彩就会变灰,纯度就会变低。以清水调和的颜料(水彩、水粉颜料),清水加多,色素含量就少,色彩的纯度也就降低。

纯度与明度有着不可分割的制约关系,概括起来有三种:一是加白能增强明度,但是纯度降低;二是加黑能使明度和纯度都降低;三是加灰色与其他色相的颜色,可使明度和纯度产生丰富的变化。如红加亮灰,则明度增加,纯度降低;而黄加亮灰,则明度和纯度都降低。

刚由锡管里挤出的颜料,虽然未掺入其他颜色,但是各色的纯度也是不同的。如橄榄绿没有淡绿纯度高;中黄偏橙不及柠檬黄纯度高等。由此可见,复色纯度不及间色,间色纯度不及原色。作画时过多地使用白粉或水,都会使颜色纯度不足而造成色泽灰暗、贫乏无力的弊病。相反,过多地使用纯度较高的颜色,不注意色彩的协调和纯度的变化,也会造成色调过分刺激、杂乱无章。因此,色彩纯度运用的恰当,会增强感染力,使画面鲜明生动。

在理解和运用色彩原理时,必须紧紧抓住色彩三要素这根主线,在实践中把握它们的规律,许多问题就会迎刃而解。(参见彩图9、彩图10)

三、色立体

色立体,是指立体式的能体现色彩三要素变化规律的色标模型。它借助三维空间来表示色相、明度、纯度的概念;用无彩色黑、白、灰明度的序列为轴,以色相序列为中心,在色相中轴间构成色度序列,将上千个色彩组成在一起,从而构成色立体。色立体的发明,解决了少数的色彩名称所概括不了的无数不同程度的色彩问题,使设计和使用色彩时有了准确度。在国际上,影响较大并被广泛应用的色立体,是孟赛尔色立体和奥斯瓦尔特色立体。(参见彩图11)

(一)孟赛尔色立体

孟氏色立体的基本结构,是以一个中心轴表示从黑到白的黑灰白序列;以圆周的位移表示色相变化;以距中心轴的远近变化来表示纯度变化。垂直轴从黑到白分为11个明度等级;色相环有10个主色,分别用英文字母表示:R(红)、YR(橙)、Y(黄)、GY(黄绿)、G(绿)、BG(蓝绿)、B(蓝)、PB(蓝紫)、P(紫)、RP(红紫);每个主色又分为10个过渡色阶,共100个色相;纯度变化自中心轴向外延伸,用1、2、3、4、5来表示。这样就实现了用符号表示色彩,如纯红是5R4/14,5R是色相级,4是明度级,14是纯度级;绿色是5G5/8,蓝色是5B4/8。

(二)奥斯瓦尔特色立体

奥氏色立体是由两个底面相结合的圆锥体组成,两顶点边线为垂直中心轴,作为明度标尺,明度分8个色阶,分别用a、b、c、d、e、h、i、l、n、p表示,然后以垂直的明度轴为一边,作等腰三角形,旋转一周成为基于红、黄、绿、蓝四个主要色相扩展开来的24色相环。奥氏色立体可标出672种色及其在色立体上的位置,并以符号表示,如红色是8ga,8为色相,g表示白色含量22,n表示黑色含量11。奥氏色立体与孟氏色立体所不同的是侧重于纯色、黑与白三者之间的含量比较,而对各种纯色的明度差未作表示。

四、色彩的冷暖与色性

(一)冷色与暖色

出于人的生理感觉和感情联想,色彩具有冷色与暖色两类相对性的倾向。红、橙、黄一类的颜色,会使人联想到火、太阳、热血等,故称为"暖色";青、蓝等色,则会使人联想到海水、蓝天、冰雪、月夜等,故称为"冷色"。色彩感觉中最暖的色是橘红,最冷的色是天蓝色。某些实验表明,色彩的冷暖感确实有自然科学的数据作依据,这也说明冷暖色这个名称具有客观性。(参见彩图12)

(二)色性

色彩的冷暖倾向,称为"色性"。如绿、紫等一类兼有冷暖感觉的颜色,称为"中性色"。色性是人们的一种心理感受,不是色彩本身的物理属性。色性的冷暖关系还有相对的含义,即它在具体环境中是会变化的,两色之间的比较常常是决定其冷暖的主要依据。

如黄与蓝相比;黄是暖色,而对于红或橙它又偏冷了;紫在红色的环境中是冷色,而在青色的环境中又成了暖色。玫瑰红与大红、朱红并列时倾向冷色,而和赭石、土红并列时就显得暖一些。群青一般被列为冷色,可它与普蓝并列时则有暖味。绿色是中性色,但它与冷色相比是暖色,它与暖色相比又是冷色。

五、有彩色、无彩色、极色

(一)有彩色

凡带有某一种标准色倾向的色,亦即带有冷暖倾向的色,称为"有彩色"。所有的有彩色,被称为"有彩系"。

(二)无彩色

黑、白与黑白调出的灰,本身没有冷暖和色彩倾向,被称为"无彩色"。它只有明度即深浅差别,而没有纯度即冷暖倾向差别,所有的无彩色,称为"无彩系"。

(三) 极色

无彩色中的黑与白两色,在色带中均分别处在两端,以明度差而言,再没有比黑与白更深或更浅的了。在色立体中,黑、白两色处在垂直轴的两端,好似地球的南北极,故称为"极色"。

从有彩色与无彩色的含义可知,彩与色之间也存在着差异,只有彩色才谈得上"彩",而色既包含了有彩色,也包含了无彩色。如果指色彩感强弱,应该用"彩度"更为确切。

六、同类色、类似色、对比色

(一) 同类色

色相相同而明度不相同的颜色,叫"同类色";或以某一色为主,又分别包含微量的其他色,则这几个色互为同类色。

(二) 类似色

色环中 90°范围内的颜色互为类似色,也称"邻近色";某色与此色的复色,亦称为"类似色"。(参见彩图 13)

(三) 对比色

色环中 90°~180°范围内的颜色,互为对比色;对比色之间必然存在着明显的冷暖对比。

七、补色与补色对比

(一) 补色

一原色和与之相对应的间色,如红与绿、黄与紫、蓝与橙,互称为"补色"。

(二) 补色对比

一组补色所造成的色相对比关系,称为"补色对比"。它是所有色彩对比效果中最强烈的一种对比形式。在色彩的表现中,巧妙地运用补色对比手法,会得到很强的艺术效果。

八、调子、色阶、色调

(一) 调子

在素描中,调子是指明暗层次的变化;而在色彩画中,调子则是指各种色的明度层次变化。层次分得愈多,调子愈丰富。

(二) 色阶

由于明度、纯度在色彩变化中有着不可分割的联系,故两者的共同变化在色彩关系中具有极大的普遍性。这种明度与纯度共同的层次变化关系,称为"色阶关系"。

(三) 色调

色调,是指色彩整体的总概念,即在一定范围内几种色彩所造成的总的色彩效果。色调的形成,是色相、明度、纯度、色性与色块面积等多种因素综合造成的。其中,某种因素起主导作用,便形成某种色调。色调的构成与诸种色彩面积之间的比例关系极大,某种色彩在数量上的多与少、大与小的结构比例的差别,对色调的形成起着决定性的作用。如黄昏时的景物,受到夕阳的照射,都带有橙黄色彩,这时景物的色调就非常明确,呈橙黄色调。

第四节 色彩的生理与心理功能

一、色彩的生理功能

色彩的生理反应,主要体现在错觉与幻觉,并由此而产生的联想上。人的视觉现象,实质上只是大脑对外界物象、色光刺激的反应。这种反应需要对物体及周围陪衬的环境做出综合分析,并加以正常修正后,才能做出正确判断。一旦产生了矛盾,就会出现错误,实际上不存在的现象,看起来似乎也存在了,这种现象被称为"幻觉"。

类似的生理反应,主要表现在色彩的膨胀与收缩、前进与后退、冷与暖、轻与重以及兴奋与沉静、知觉度等感觉方面。

(一)胀缩感

色彩膨胀与收缩的产生,与人的视觉生理有关。光度不同的各种色彩,反射到人的眼中的光,引起视觉器官不同程度的兴奋,造成了视觉的不同扩张与收缩,从而产生了胀缩现象。

造成胀缩的原因,还与色光本身有直接关系。波长的暖色光与光度强的色光,对眼睛成像的作用力较强,从而使视网膜接收这类色光时产生扩散性,造成成像的边缘线出现一条模糊带,产生膨胀感。反之,波长短的冷色光或光度弱的色光则成像清晰,对比之下有收缩感。当几块颜色并置在一起时,色的胀缩感觉就很强烈,这是一种错觉。例如,将一根等粗的木棒,一头涂成红色,一头涂成蓝色,看起来会觉得红的一头粗,而蓝的一头细。反之,将一根等粗而未涂色的木棒,一头衬以红布,一头衬以蓝布,看起来会觉得衬红布这一头细而另一头显得略粗。再如,法国国旗由红、白、蓝三色并置组成,原设计三色的面积一样大,但看起来总感觉它不一般大,白的最宽、蓝的最窄。后来把三色的宽度比率调整为红:白:蓝:33:30:37之后,才感觉三色面积等大。生活中体态较胖者穿深色衣服就显得苗条,较瘦者穿浅色衣服显得丰满,就是胀缩感的巧妙运用。(参见彩图14、彩图15)

(二)进退感

进退感,是指色彩给人视觉造成的空间位置的变化,又称为"远近感""距离感"。

进退感是色性、明度、纯度、面积等多种对比造成的错觉现象。暖色、亮色、纯色有前进的感觉;冷色、暗色、灰色有后退的感觉。如在等大的纸上分别画出同样大小的蝴蝶,一幅为蓝底黄蝶,另一幅为黄底蓝蝶,蓝底上的黄蝴蝶明显地觉得在纸的上面,而黄底上的蓝蝴蝶则似乎在纸的下面。色性与明度的关系,可以形成不同的排列。以标准色为例,色性排列以红最强,其次是橙、黄、绿、紫、蓝;明度排列则以黄最强,其次是橙、红、绿、蓝、紫。光度高的色彩容易产生前进感,光度低的色彩则容易产生后退感。改变颜色的光度时,便能改变色彩的距离感觉。如红为进色,绿为退色。但是,暗红与亮绿并置时,则亮绿为进色,暗红为退色。另外,面积大小的对比对色彩的进退感也很有影响。同等面积的红与绿并置,红有前进感;若在大面积的红底上涂一小块绿色,绿色则有前进感。

色彩的进退感在现实生活中的用途相当广泛,运用时要注意灵活掌握。如将狭小房间的四壁刷上冷灰色,会有一种宽敞的感觉。色彩设计时,注意冷暖色的位置,可获得较好的层次感;绘画写生或创作时,适当运用纯度对比,可以获得较好的空间效果。因此,只要能把握进退感的特性,就能表现出丰富多彩的色彩效果。(参见彩图16)

(三)轻重感与软硬感

色彩的轻重感主要是由于人的联想造成的。例如,接近黑色的深色,会使人联想到铁、煤等富有重量感的物质;白色,会使人联想到白云、雪花等质感轻的物体。

在通常情况下,明度高的颜色有轻的感觉,明度低的则感觉重。色相的轻重排列次序是:白、黄、橙、红、中灰、绿、蓝、紫、黑。纯度高的颜色感觉轻,纯度低的感觉重。另外,颜色中的透明色感觉轻,不透明色感觉重;着色时厚涂比薄涂感觉重,如油画中厚堆不透明的白色比薄涂透明的柠黄或嫩绿反而感觉重。

对比弱的色彩感觉软,对比强的色彩感觉硬。感觉轻的色彩有软的感觉,感觉重的色彩则有硬的感觉。(参见彩图17)

(四)奋静感

不同的色彩确实能使人的视觉产生兴奋或安静的感觉,引起相应的情绪反应。凡是暖色和明度、纯度高的色彩,对人的视网膜及脑神经刺激较强,会引起生理机能的活跃,促使血液循环加快。如长时间地注视红或橙红色,会有眩晕感,就是脑神经兴奋引起的。而冷色和明度、纯度低的色彩,则会造成沉静感,其中也有减弱刺激的生理因素。

奋静感的形成,也来源于联想。例如,由蔚蓝色联想到晴空万里,自然会有一种胸境开阔的感觉;深蓝色会使人想到月夜星空,从而产生寂静安定的感觉。奋静感的色彩表达,对色彩气氛和画面意境有着紧密的联系。因此,创作与设计的主题确定后,在进行色调及构成表现时,色彩的奋静感与效果是必不可少的考虑因素。(参见彩图18)

(五)冷暖感

色性本身不具有独立存在的价值,它是依附于色相、明度与纯度三种属性而产生的综合反映。色彩的冷暖感和胀缩感、进退感有密切的联系。一般情况下,暖色有膨胀和前进的感觉,冷色有收缩和后退的感觉。但是,由于胀缩与进退本身具有很多变化,加上冷暖感觉本身又有相对性,所以它们之间的关系和变化,是极其复杂和灵活的。

所谓冷暖的相对性,主要体现在两个方面:一是冷暖色本身虽有相应的确定性,以六个标准色而论,红、橙、黄是暖色,蓝为冷色,绿与紫是中性色,然而这三类色本身亦有冷暖差。如朱红比大红暖,大红比曙红暖,钴蓝比湖蓝暖,红紫比蓝紫暖,中绿比翠绿暖,红紫又比草绿暖等。二是黑、白、灰本来是无色彩的,一旦和其他色彩尤其是纯度高的色彩放在一起,也会产生冷暖感觉。如蓝和灰相比,灰就有暖的倾向;灰与橙相比,灰就有冷的倾向。(参见彩图19)

(六)知觉度

知觉度,是指色彩感觉强弱的程度,又可理解为易见度。它是色相、明度和纯度对比的总反应。一般来说,明色、纯色、暖色系的色知觉度高,暗色、纯度低的色、冷色系的色知觉度低;原色比间色知觉度高,间色比复色知觉度高。

(七)华丽感与朴素感

通常纯度高、明度高的色彩，具有华丽感；反之，纯度低、明度低的色彩，则给人以朴素的感觉。另外，暖色有华丽的感觉，冷色有朴素的感觉。有彩系具有华丽感，无彩系具有朴素感。色彩的华丽与朴素是相对存在的，在运用时只有进行合理的布局，才能获得理想的效果。（参见彩图20）

二、色彩的心理功能

色彩的心理功能是由生理反应引起思维反应后形成的。它主要是通过联想和想像。人们的心理往往受到年龄、经历、性格、情绪、民族、风俗、地区、环境、修养等多种因素的制约，色彩的心理反应也是如此。

（一）年龄与经历

有关资料表明，儿童多半喜欢鲜艳的颜色，对知觉度高、兴奋感强的色彩首先发生兴趣，如红、黄两色就是儿童的偏好；女青年比男青年更爱白色，因为洁白容易和清洁发生联想；生活在农村的人，对绿色就很有感情，是因为大部分植物都是绿的，禾苗的绿色预示着收获的希望。这类联想随着年龄的增长而增多和加深，从而对色彩的认识也会逐渐成熟。

（二）性格与情绪

感情型的人，对色彩的反应和喜爱通常强一些，一般会对不同的色彩明确地做出各种反应；而理智型的人，则似乎缺乏明确的好恶感，反应较含蓄，有的人甚至对色彩无动于衷。性格开朗的人，比较喜欢明快艳丽的色或暖色；较沉静的人，则比较偏爱中性色、灰色或冷色。人的性格的差异，对色彩的喜好会产生各种差别。

人在不同的情绪下，对色彩的反应也会改变。如烦躁时看到强烈的刺激的色彩会更加不安，甚至产生厌恶感；若改换成沉静的冷色，或许能促使其平静下来，这是色彩对情绪的反作用。

（三）民族与风俗

不同的民族由于风俗习惯的不同，对色彩的反应和态度也各有不同。同是丧事，欧洲人多用黑色表示哀悼；而我国自古以来，则都习惯用白色来祭奠亡人。我国的传统习惯是多用红色以讨吉利，而西方则让新娘穿上白纱礼服以示其高尚纯洁。可见，文化传统、民族风俗对色彩的影响是很大的。

三、色彩的联想与象征

象征是由联想并经过概念的转换后形成的思维方式。色彩的因果联想，可以使人由色想到光，想到发光、反光、透光的物体，想到物体的形状、数量、方位、性质、功能等等。人们望色联想，会引起心理上不同的反应，但又因人的生理、心理条件的制约和地区、文化传统的差异，对色彩的联想又各有不同。在一般传统习惯情况下，可作下列表述：

红色：热烈、喜悦、勇敢、斗争、奋扬；

黄色：明快、活泼、文明、高贵、忠诚；

蓝色：永恒、深远、冷静、阴郁、高洁；

白色：清洁、朴素、坦率、单调、神圣；

品红：透明、鲜艳、轻飘、悦目、希望；
玫瑰：爱情、友谊、真诚、美好、幸福；
黑色：沉默、恐怖、肃穆、神秘、死亡；
灰色：和谐、浑厚、静止、大方、悲哀。

色彩的象征，取决于时代、环境、民族、季节以及人们的习惯和爱好。我国古代皇帝穿黄色龙袍，高级官吏穿大红、大紫，平民穿白（故称平民为"布衣"）。京剧脸谱用红色表示忠耿，黄色表示干练，白色表示奸险，黑白相间表示憨直，绿色表示凶狠等等。这些都是时代及传统习惯所赋予色彩的象征性。

在人们的日常生活中，常常利用色彩的联想与象征，来达到服务社会的目的。如邮政选择橄榄叶的绿色作为标志，象征和平；消防车选用红色，以象征危险、紧急；医护人员的白大褂，象征卫生、高尚等等。

第五节　色彩的对比

学习色彩原理的目的，在于如何在运用色彩时组合好色彩，使其产生美感。色彩的组合是千变万化的，归纳起来，无非是处理好色彩的对比与调和关系。对比与调和是构成所有色彩效果的全部手段，所以它们在实际运用中是极其重要的。

色彩对比有多种类型。从色彩性质来划分，对比有色相对比、纯度对比、明度对比；从色彩的形象来划分，对比有形状对比、面积对比、位置对比、虚实对比、肌理对比；从色彩的生理与心理效应来划分，对比有冷暖对比、轻重对比、动静对比、胀缩对比、进退对比、新旧对比；从对比色的数量来划分，对比有双色对比、三色对比、多色对比、色组对比、色调对比。此外，还有同时对比、连续对比等。

一、色相对比

色相对比，是由色相之间形成的差别造成的对比。由于各种色相在色相环上相距的远近不同，形成了不同的色相对比。即邻近色、类似色、中差色、对比色与互补色等类别。

（一）邻近色

邻近色，是指在色相环上与基色相接之色。邻近色之间的色相差别很小，一般看做同一色相的不同明度与纯度的对比，是最微弱的色相对比。如以邻近色作配合，就会感觉单调，必须借助明度、纯度对比的变化，来弥补色相感的不足。（参见彩图21）

（二）类似色

类似色，是指在色相环上间隔15°～60°，相差2～3色的颜色。如红与橙、橙与黄、黄与绿、绿与蓝、蓝与紫、紫与红等。类似色比邻近色的对比效果明显，类似色之间含有共同的色素，它既保持了邻近色的单纯、统一、柔和，又具有耐看、明确的特征。但是，要注意在明度或纯度上求变化，不然也会有单调之感。当然，也可以用小块对比色或灰色作点缀，来增加变化与生气。如以红色为主色，橙色为类似对比色，再加进小面积的黄与绿，或小块的冷灰色，就会觉得比较丰富而生动。

（三）中差色

中差色，是指在色相环上间隔60°~120°，相差4~7色的颜色。如红与黄、红与蓝、蓝与绿等。它的对比效果间于类似色与对比色之间，色相差异比较明确，色彩的对比效果较为明快。但是，红与蓝之间的明度差很小，配合时需注意在明度、纯度和面积等方面加以调整变化，不然也会产生沉闷的感觉。

（四）对比色

对比色，是指在色相环上间隔120°~170°，相差7~11色的颜色。其色彩对比效果鲜明、强烈，具有饱和、华丽、欢乐、活跃的感情特点，容易使人产生兴奋、激动，但配合不当很容易产生不协调感。

（五）互补色

互补色，是指色相环中相隔180°的两色。补色对比是色相对比中最强的一种对比，使色彩达到最大的鲜明度。补色关系是一原色同其他两原色相加，产生的间色之间的对比，即红与绿、黄与紫、蓝与橙。互补色相并置，能使色彩产生强烈的刺激作用，对人的视觉具有极强的吸引力并获得满足。补色对比可以用来改变单调平淡的色彩效果，但处理不当极易造成杂乱、刺激、生硬等毛病。

二、明度对比

明度对比，是指色彩间深浅层次的对比。明度对比的强弱，决定于色彩明度差别跨度的大小。相差3级以内的对比为弱对比，又称"短调"，具有含蓄、朦胧的特点；相差4~5级的对比为中对比，又称"中调"，具有柔和、稳定的感觉；相差6级以上的对比为强对比，又称"长调"，具有强烈、刺激的特点；黑白之间跨越9级明度，为最强的明度对比。

一般来说，高调愉快、活泼，低调朴素、丰富。明度对比强时，光感强，形象清晰；对比弱时，形象模糊不清，含混。如分别以高、中、低三种明度作基调，配以强、中、弱对比，可获得多种明度对比的调子。（参见彩图22）

明度对比是色彩现象中重要的因素之一，色彩的层次与空间关系主要依靠色彩的明度对比来表现。只有色相对比而没有明度的对比，图形的轮廓形状就难以辨认；只有纯度的变化而没有明度的对比，图形的体积与明暗也无法明确。据估测，色彩明度对比的视觉反应，要比纯度对比强3倍，可见明度对比的重要。形与色是互相依存的，明度关系的处理是协调形与色表现的重要手段。掌握好明度对比，无疑会增强控制色彩配置的主动性。

三、纯度对比

纯度对比，是指色彩间含有标准色成分多少的对比，即色彩鲜艳程度的对比。纯度对比可以是鲜艳色彩与灰色之间的对比；也可以是各种带彩的灰色之间的对比，还可以是鲜艳色彩之间的对比。（参见彩图23）

色彩可以由四种方式降低其纯度。

1. 加白

纯色中混合白色，可以减低纯度，提高明度。（参见彩图24）

2. 加黑

纯色中混合黑色,也能降低纯度,同时明度也降低了。各种颜色加黑后,会失去原有的光亮感,而变得深沉、幽暗。

3. 加灰

纯色加进灰色,可以降低纯度,同时也会使颜色变得浑厚、含蓄、稳重。相同明度的灰色与纯色混合,可以得到相同明度、不同纯度的含灰色,使其具有柔和、软弱的特点。(参见彩图25)

4. 加互补色

纯色加进相应的补色,可以使其纯度降低。纯色混合补色,相当于混合无色素的灰。因为一定比例的互补色混合,能产生不同的灰。如黄加紫可以得到不同的灰黄。若补色相混合时再用白色淡化,可以调出无数微妙的高级灰。

纯度对比的强弱,决定于纯度差。纯度弱对比,是纯度较接近的对比,如亮红与纯红、亮红与纯蓝等;纯度中对比,是纯度差间隔4～6级的对比,如饱和色与灰色之间的对比;纯度强对比,是纯度差很大的对比,如高纯度色或纯色与黑白灰的对比。色彩的模糊与生动,是由纯度对比引起的。用灰色来衬托鲜艳的颜色,由于色彩同时对比的作用,鲜艳的色彩会觉更加纯净。(参见彩图26)

由于各种色度对比的纯度倾向和纯度对比程度不同,它们的视觉效果亦各有差异。同色相等明度的色度对比,具有柔和、模糊的特点;而纯度对比越强,则鲜艳色彩的色相越鲜明,从而增强配色的鲜丽、活泼。在画面上,如果纯度对比不足,往往会出现软弱、含混、粉、灰、闷、单调等毛病;若纯度对比过强,则会出现生硬、杂乱、刺激、炫目的感觉。

四、冷暖对比

冷暖对比,是将色彩的色性倾向进行比较的对比。色彩的冷与暖,本来就是在比较中产生的。在冷与暖的比较中,总是加强各自的冷暖倾向。色彩的冷暖感觉和人的生理与心理感受相同,如太阳、炉火、暖的灯光等,本身具有较高的温度,它们射出的红橙色光有导热的功能,所以让人觉得温暖。相反,大海、远山、雪地、蓝天等环境是蓝色光照最多的地方,蓝色光不导热,这些地方的温度通常比较低,人在这样的环境里只会觉得冷。

色彩的冷暖概念不是具体的,而是抽象的、似是而非的,它不但来源于色光的物理特性,也来源于人们对色光的印象和心理联想。可以用一些相对应的词,来形容色彩的冷暖效应。冷色:透明、镇静、阴影、稀薄、空间感、遥远、轻柔、潮湿;暖色:不透明、刺激、日光、浓密、近傍、干燥等。还有就是白冷、黑暖,一般的色块中混入白会倾向冷,加黑会倾向暖。

运用色彩的冷暖对比,在写实性绘画中占有特殊的重要地位。画家们发现,物体的受光部色彩偏暖时,其背光部的色彩往往偏冷,反之亦然。同一种物体色近暖远冷。应用这种光色原理,使画家们充分发挥冷暖色的对比作用,直接用冷暖色塑造形象,创作了大量光彩夺目的作品。

五、同时对比与连续对比

同时对比,是色彩间对比时在视觉上产生的一种对比方式。即不同的色块并置在一起时,由于视觉作用,此时各色的感觉与色块的原色相产生差异与变化。如红黄两色并置时,猛一看红的带蓝紫色味,黄则略带绿味,它们都具有使对方倾向自己补色的特点。两色并置时,所有色块间或强或弱地存在着这种对比现象,它存在于一切色彩视域之中。因为任何色彩方式,总是由各种色块并置完成的。换言之,种种色彩对比,都包含着色彩的同时对比。

连续对比,是相对于同时对比的另一种通过视觉感受形成的色彩对比方式。即看过一块色彩后,迅速移视另一块色彩,此时会发现看到的不是第二块色彩的实际色相,而是由于第一块色彩的刺激影响产生的相应变化的色彩。例如,先看红,立即看紫,这时的紫色仿佛是青、绿,定视后才看到实际的紫。再如,对一个黄色注视 10 分钟,然后将眼睛闭起来,就会感到有一种视觉残像,即紫色方块。如果去注视一个紫色方块,那么视觉残像就会是一个黄色方块。

色彩的同时对比和连续对比,具有非常大的灵活性,在实际的应用当中,可以恰到好处地掌握它们的规律,以达到特殊的艺术效果。(参见彩图 27)

六、面积对比

面积对比,是指各种色块在构图中所占据的量的比例关系。它对形成的色彩效果作用很大。如同等面积的红与绿,放在一起时就不好看,但是把它们的面积比例调整之后,就好看了。如大片的绿色中放一小块红,便成了"万绿丛中一点红"这一公认的配色佳句。

同一种色彩,面积小,易见度低;面积大,易见度高,容易感到刺激。大片红色会使人感到不安,大片的黑色会使人发闷,大片的白色则会使人感到空虚。在进行色彩配置时,除了注意调整色相与纯度外,还要考虑色彩面积的大小、位置及形状的合理安排。

面积对比还体现在分割运用上,如把等大的红色与绿色,分割成许多小条、小块或点后,再作交叉排列,其色彩效果和大块面积并置就截然不同。面积的大小和形状的变化多种多样;在应用时要灵活多变,根据具体情况的要求可以自由地安排组织,以达到理想的色彩对比效果。(参见彩图 28)

第六节 色彩的调和

色彩的调和是创造色彩美的基础和前提。色彩的各种对比方式,不以达到调和为目的,就都会失去意义。如果只重视色彩的对比效果,而忽视色彩的统一、调和,势必会造成色彩的杂乱、生硬,不能达到色彩组合的艺术效果。所以,色彩的调和是色彩美的一种内在要求和最终目的。

人的视觉生理与心理,比较容易接受不过分刺激而又不过分统一的配色,认为这种色彩比较舒服。过分刺激的色彩配合,容易使人产生视觉疲劳、精神紧张、烦躁不安的感觉;而过分统一的配色,则又太单调、模糊甚至没有色彩感,也会使人产生视觉疲劳、不满足、乏味、没有兴趣的感觉。人的视觉色彩习惯和审美经验来自自然界,而自然界景物的明暗、光影、色相、冷暖、强弱等色彩变化和相互关系又都有一定的自然秩序。显然,色彩的统一与和谐,就是这种美的一种自然形态。因此,色彩美的法则要求在对比中求调和、调和中求对比。只有正确处理好它们之间的关系,才能取得美的色彩效果。

色彩调和的方法,主要有以下几种:

一、色彩三要素调和

(一)色相调和

1. 无彩色调和

无彩色系的色相之间,只有明度差而没有色相差,其配色容易调和,但是必须注意各色之间的明度变化。明度相距不能太大,也不要过小。间隔大,显得生硬、刺激;间隔小,则显得模糊。(参见彩图29)

2. 无彩色与有彩色调和

无彩色即黑、白、灰,它与任何色彩相配都能调和。若变化明度和强度,则能取得非常明快的调和。

3. 有彩色相调和

邻近色调和很容易相似、含混,常采用变化明度与纯度的方法来增加调和感;类似色调和,有一定的变化,但色相类似也会产生单调之感,也需变化明度、纯度,才能形成较生动的效果;对比色调和,因为色相差大,必须增加纯度和明度的共性,以色调的一致性促进调和;补色色相调和的方法,与对比色相似。

(二)明度调和

1. 统一明度调和

同一明度的配色,容易调和。同一明度不同色相、不同纯度的配色,既容易调和,又有变化。

2. 邻近明度调和

邻近明度的配色,具有统一的调和感,但是必须变化色相和纯度,以增加对比。

3. 类似明度调和

类似明度的配色,比较含蓄、柔和,通常以色相和纯度变化来求调和。(参见彩图30)

4. 对比明度调和

对比明度的配色,比较明快,但是较难统一,一般是增加色相与纯度的共性达到调和。(参见彩图31)

(三)纯度调和

1. 同一纯度调和

同一纯度的配色,容易调和。同一纯度、同一色相、不同明度的配色,同一纯度、不同色相、不同明度的配色,都能取得调和,但要注意变化色相与明度。

2. 邻近纯度调和

邻近纯度的配色,也易调和,但是缺少变化,要注意变化色相与明度。

3. 对比纯度调和

对比纯度的配色,可以运用色相的统一或类似、明度的统一或类似来增加调和。(参见彩图32)

二、主导色调和

主导色调和，是指以确定画面主导地位的色彩为基本色，其他色彩处于次要的或从属地位，以主导色保持画面色彩的调和。这种调和统一的手法，在绘画写生、创作中常常运用。例如，黄昏调子的画面色彩，是以不同纯度、明度的橙色为主导色，其他的色彩处于从属地位，造成统一中求变化的和谐之美。

在生活中，有很多色调都带有明确的色彩倾向。如黄色调、绿色调、红色调、紫灰色调、蓝灰色调等。在运用色彩时，要掌握各色的倾向性，按照明确的主色调进行配色，这是调和的一种有效方法。有些初学者的作品色彩杂乱无章，使人眼花缭乱，就是缺乏主导色的缘故(参见彩图33)。构成主色调的具体方法有两种：一是各色中都混入同一种色相色彩，如混入红、橙、黄等色构成暖调，混入青、绿、紫构成冷调。二是各色或大部分色中混入黑、白、灰，构成暗调、明调、含灰调。由于各色或大部分色彩中混入同一种色素，使色彩之间发生了内在的联系，增加了共性，因而容易调和。

三、色彩构图关系的调和

(一)渐变调和

在构图中采用色相、明度级差递增或递减，都能取得调和。渐变调和有：明暗渐变、色相渐变、灰艳渐变、互相混合渐变(如红、绿按照不同比例互相混合，即能取得中和调和)、空间混合渐变(采用色点、色线空间混合构成，各色相互交融)。(参见彩图34)

(二)隔离调和

利用色块的位置变化进行隔离处理，也可取得调和效果。在对比色中，穿插双方都带有亲缘关系的色，从而达到调和。如黄绿、黄橙、紫红、绿色组中插入黄、青；在对比色中穿插黑、白、金、银、灰。这些中性色和任何色彩相配置，都能达到理想的调和效果；把对比强烈的色彩变动位置、调整彼此间的距离，也能形成调和；把大块的对比强烈的色分割成小块后间隔组合，亦能造成调和效果。

(三)比例调和

扩大某一色彩的面积，使其在力量上占优势，通过色彩的主从关系达到调和。冷暖两种调子应加强主色调的倾向性，或多用暖色少用冷色，或多用冷色少用暖色。色彩面积比例大小的调整，会产生不同的调和效果，可灵活处理。

第六章

色彩在绘画中的应用

学习、了解色彩的基本原理,只是认识和掌握色彩规律的理论基础。要想绘制出精彩的色彩画面,还必须具有正确的观察方法、分析方法以及有效的表现手段,把色彩理论与各种色彩现象联系起来。

第一节 写实色彩的观察方法

一、整体观察方法

初学者在学习色彩写生时,遇到的第一个问题就是如何掌握正确的观察方法。

观察是表现的前提,看不见就画不出来,看的方法有错误,随之就会导致错误的表现。只有看的方法正确,才有可能进行正确的表达。自然界物体的色彩无论是在色相上,还是在明度、纯度上,变化都极为丰富,不可能把看到的所有色彩全部画下来。因此,必须学会概括、提炼,学会整体比较,学会感觉与理性分析相结合的观察方法。

(一) 概括与提炼

在写生时,面对纷繁复杂的色彩,怎样才能把握物象的色彩呢?首先要从整体出发,舍弃那些无关紧要的色彩细节,抓住总的色彩感受,确定色彩基调。这种概括、提炼的手法,虽然牺牲了局部的色彩变化,但是获得了总体色彩丰富的效果。如画一片树林,每片树叶都会有色彩差别,而颜料品种只有几十种,在一片叶子上用很多色彩,局部是丰富了,但再画其他叶子时还只能是那几种颜色,带来了总体色彩的重复,反而显得单调贫乏。在局部的丰富与整体的丰富之间,当然要选择整体。色彩表现的目的是为了营造整幅画面的色彩气氛,并非每一个局部的颜色变化。所以,画色彩实质就是画色彩关系,它的过程就是"找关系、比关系、画关系"。掌握了概括与提炼的方法,抓住各种色彩之间的相互关系,就能使画面产生丰富的色彩效果。(参见彩图35)

(二) 比较地看

写生时,色彩之间作相互的比较分析,是观察色彩的有效方法。初学者在观察色彩时,往往有两种情况:一种是对于色相比较单纯的物象之间,不注意找出它们之间的区别;另一种,则是面对复杂的色彩时,感到困难,看不出色彩的细微差别。例如,一个浅灰色的墙面就是一种复杂的灰色,观察时如果死盯住它看,就越觉得色彩飘浮不定,一会儿感觉是蓝灰,一会儿又像是紫灰,再盯住看又觉得发绿发黄。反之,把眼光移向别处,看一下天空、地面的色彩,用这些色彩和墙面作一比较,就能比较容易地看出墙面的色彩。特别是在观察物体暗部的深灰色彩时,总觉得很难捉摸,要想看准这些色彩,必须把视线散开,使眼光在对象的上下、左右来回地移动。这种移动的过程,就是在进行比较的过程。有比较,才有鉴别。通过比较,就能辨别出色彩之间的微妙差别,就能获得准确的色彩。

在观察色彩时,可以从色彩的明度、色相和色性三个方面进行比较。明度相同时,比较它的色相和色性;色相相同时,比较它的明度和色性;色性相同时,比较它的明度和色相。比较时要抓住要领,分清主次,随着画面的深入,从整体到局部,再由局部到整体有条不紊地进行,最终达到整个画面的色彩既丰富变化,又协调统一。(参见彩图36)

(三)感觉与理性分析相结合

对初学者而言,对于色彩规律的认识和掌握只要不是色盲、色弱,都是可以达到的。其中,色彩理论知识的具备与对色彩现象的理性分析能力,是关键的因素。

感觉是认识客观色彩变化的基础,但仅凭感觉往往把握不住本质。没有理性的分析与指导,有时会被错觉所迷惑。在写生中,只有对物象作全面整体的认识、了解、分析,画的时候才能更主动、准确地感觉它,表现它。如描绘瞬息万变的早、中、晚自然景物时,掌握了它们的色调变化规律,在你头脑里就会有总体的作画意识,即使光线产生移动变化,你也能主动地控制画面的整体色调,不受客观条件变化的干扰。因此,感觉只是一种直觉,必须把这种直觉和理性分析紧密地结合在一起。有了理性分析,才会占主动,而作画时的主动意识又极为关键。历史上印象派画家所取得的色彩成就,正是建立在当时科学研究成就的基础上的。光色奥秘的揭示,使这些画家对色光的理解产生了飞跃。相反,正是因为对色彩原理的认识不足,使古典艺术家在色彩方面受到了限制,无法真正感受到、表现出客观色彩。(参见彩图37)

强调理性知识对色彩表现的重要性,并不等于否定感觉的作用。相反,又必须强调以感觉为基础,但只有训练有素的感觉,才能敏锐;只有抓住对象本质的观察力,才算深刻。如果仅靠理论指导作画,其结果必然概念化、简单化。所以,有人说好的感觉是打开色彩大门的钥匙。

二、克服固有色观念

所谓固有色观念,就是把物象的色彩看成是固定不变的。如橘子为橘黄色、树叶为绿色、树干是赭石色等等。缺乏光源色、环境色等条件的成分,抱着这样的观念去作画,往往是用同类色去表现物体的明暗。物体的受光、背光只是色彩的明度变化,没有色相或冷暖变化,画面上各种色块之间毫无联系,更谈不上色调的表现。这是初学色彩画时经常出现的通病,如果不加以克服,就无法进入真正的写实色彩的表现。

固有色是物体对光源色吸收并做出反射所形成的色。它的存在不是固定不变的,任何物体的固有色处于不同的光源色、环境色中时,都会产生变化,实际上产生了新的"固有色"。如石膏像的固有色是白色的,当用暖色灯光照射它时,石膏像的受光部就变成了暖黄色;当用一蓝色花瓶放在靠近石膏像的暗部时,这时石膏像的背光就映出花瓶蓝色的反光;若把蓝花瓶换成一个红花瓶,再看石膏像的背光部,这时由蓝色反光变成了红色反光。可见,物体的固有色是随着光源色、环境色的改变,以及在条件系统中所形成的一种物体色彩现象。而这种相互变化、相互转换的色彩效应,正是写实性色彩表现所要捕捉的重点。如果认识不到物体的色彩是可变的，就不可能表现出真实的和美的色彩。

克服固有色观念，重要的是要明确物体的色彩并非是单纯的明暗深浅变化。物体的固有色只是作为色彩造型的基础，由于所处的环境的改变，应注意其色彩的变化。写生时，必须把固有色和光源色、环境色联系起来考虑，仔细分析它们相互之间的影响，大胆地运用色相变化、冷暖变化、纯度变化。只有具备了这种作画意识，画橘子就不会简单地用一种橘黄颜色深深浅浅地去表现，而是用多种不同色相、纯度的橘黄和灰色表现出一个有色彩关系的橘子。（参见彩图38）

第二节 色 调

色调，是指一个色彩环境或画面总的色彩效果、倾向、特征。色彩的表现力，主要体现在这种色彩总效果给人的视觉作用上。色调的形式多种多样，但它最终以达到和谐为目的。色调的处理是色彩构思与表达的关键，必须为表现主题服务。古今中外的绘画、雕塑、建筑、工艺美术设计等，尽管创作的目的不同，表现的形式、采用的技法及所取得的色彩效果不同，但是企图使色彩达到协调的努力是相同的。

古希腊的先哲们认为"美就是和谐"。和谐是所有艺术形式的普遍规律。色调处理的最终要求是达到高度的和谐，从而产生美。"色调"与"调和""和谐"有着密切的关系，调和是与对比并存的。过度的对比，过度的调和，都不会产生美感。所以，调和不等于和谐的本质内容，是既要有多样的变化，又要有统一的单纯。色调美的规律，无不如此。多样与统一，是色调构成的基本法则。色调的构成是各种色彩在空间位置上、相互关系上的有机组合，它们必须按照一定的层次比例，有秩序、有节奏地彼此相互联结、相互依存、相互呼应，从而构成和谐的色彩整体。因此，在进行色调处理时，必须依靠各种色彩的对比手法，严格按照多样与统一的法则来获取美的色调。（参见彩图39）

一、色彩的均衡

在色彩构图时，各种色块的布局应该以画面中心为基准，结合色彩的浓淡、冷暖、面积大小、轻重等做合理的安排，以求得画面色彩在上下左右各个方面都能获得均衡。如浓重的色块密集在画面上方，会使画面中心上移，稳定性减弱，产生动感；相反，重色块分布在画面下方，会使中心下移，增加稳定性。深色块分布过分集中，会使人感到沉闷；亮色块过于集中，则又显得空虚。这时，可以采取用小面积的亮色调整大面积的深色，用小面积深色调整大面积的亮色，使之均衡。

色彩构图的均衡，可以是对称式均衡，也可以是不对称均衡。对称式均衡，就是画面中线左右两端在形体和用色上严格对应。它常见于工艺美术的装饰色彩处理，具有庄重、简朴、平稳的形式感。不对称均衡，就是画面左右两端的色块布局，在形状和分量上并不完全对应，但总体感觉上能取得色彩布局的均衡。绝大部分的绘画作品，都属于这种不对称均衡。不对称均衡具有生动、活泼、既变化又统一的形式美感。

在色彩构图中,不同位置、形状、性质的色块,给人的"重量感"是不尽相同的。如同一蓝色的视线上部,其重量感觉是轻的,而在视线的下部则感觉是重的;形象完整明确、外轮廓整齐、面积较大的色块具有重感;人物、动物、有运动感的物体以及建筑物的色块具有重感;深暗、对比强烈、暖感的色块感觉较重;浅淡、模糊、对比软弱、冷感的色块感觉较轻。这些都是在处理色彩均衡时,应予注意的因素。(参见彩图40)

二、色彩的呼应

色彩的呼应,是指色块布局之间的互相联系和照应。任何色块在布局时,都不应孤立出现,它需要色块的上下、前后、左右多方面彼此互相呼应,并以点、线、面的形式做出疏密、虚实、均衡、对比等丰富的变化。色彩呼应的方法,归纳起来有以下两种。

(一)局部呼应

如在一黑底色上点一个红色点,这个孤立的红点被大片黑色包围,似乎有被吞噬的危险,给人以窒息的不快之感。然而,增加若干红色点后,这种局面将被迅速打破,当增加到一定数量时,红色点再也不显孤立了。这就是同种色块在空间距离上呼应的结果。同种色与同类色以某种形式(如大小、疏密、聚散)反复出现,加上色块的形状变化,能产生色彩布局的节奏与韵律。(参见彩图41)

(二)全面呼应

色彩的全面呼应方法,是使各种色彩混入同一种色素,从而产生内在的联系,这是构成主色调的有效方法。民间的妆花"三晕"配色法,就是色彩全面呼应的范例:"水红银红配大红(各色中部含有红的成分),葵黄广绿配石青(各色中都含有青的成分),藕荷青莲配紫酱(各色中都含有紫的成分),玉白古月配石蓝(各色中都含有蓝的成分)。"

在实际的色彩写生过程中,可以根据具体情况的需要,考虑采用哪一种呼应方式。恰到好处地运用色彩呼应的表现手法,就能创造出十分协调、自然、多变,具有艺术感染力的色彩效果。(参见彩图42)

三、色调与面积

色调的构成与各种色彩面积之间的比例关系极大。色彩在数量上的多与少,大与小,对色调的形成起着决定性的作用。在人的视觉中,色彩与面积是不可分割的。一般来说,色彩面积大,表现出较高的稳定性,反之亦然。面积大的色块,它的光量度和色量度大,同时对视觉的刺激和心理影响也随之增加。如色彩的明度和纯度不变,它们的对比关系将随着它们之间的面积变化而变化。例如,$1cm^2$的黑色出现在人们前面,会觉得清晰干净,而在$1m^2$的黑色前面却会觉得严肃暗闷;当$100m^2$的黑色包围人们时,则会觉得消极、阴森、恐怖。可见,强对比的色彩在面积小的情况下容易被人接受,一旦大幅度提高双方的面积,其刺激力也在增强;超出视觉可接受与欣赏的限度,往往被人们厌恶和拒绝。因此,设计建筑、室内环境、壁画屏风、展示陈列、户外广告牌等,除了少数设计要追求远视效果以招引视觉之外,大多数应选择明度高、纯度低、色差小、对比弱的配色,使人感到明快、舒适、持久、和谐。要想在小面积对比的条件下,清晰有力地传达内容,引起视觉的充分注意,可以采用强对比,以取得强烈的效果。(参见彩图43)

四、色彩的节奏与韵律

节奏在音乐中反映应最为鲜明。一首乐曲要有高低、快慢和强弱等节奏变化,才能组成和谐悦耳的乐章。而绘画中色彩的节奏,则表现为色彩的冷暖、明暗、鲜灰、强弱、呼应、均衡、面积的大小等多种因素。利用这些因素的冲突、重复、交替,构成富有节奏的色彩旋律。

音乐是随着时间的延续,展开音节的变化对比,以表达某种情绪的转换。色彩表现,则是在一个平面上,用色彩的各种变化在人的视觉中演奏交响曲。画面上的每一块颜色,按一定的构成法则纳入特定的形式结构,组成有机的整体,融合在节奏的律动之中,如被大面积灰色所包围的几点鲜艳色彩,很容易引起视觉注意。这些鲜艳色块布局的高低、疏密、面积大小的变化,就能引导视觉跟着产生上下前后、左右快慢的移动轨迹,形成视觉上的节奏和韵律。节奏和韵律的变化,要遵循多样统一的原则,不能一味地追求节奏变化。制造太多的冲突排列,会出现杂乱而破坏主题的突出。应根据主题的需要,恰到好处地安排节奏与韵律,以达到整体的统一,实现节奏的魅力。色彩的节奏安排可以是激烈的,也可以是平稳的;可以是高亢的,也可以是低沉的;可以是开门见山的,也可以是迂回曲折的。(参见彩图44、彩图45)

总之,色调要求人们,必须经营整个色彩构图,根据每块色彩的作用、所占的面积及位置等,构成色彩的均衡、呼应,使所有的色彩形成有机地联系,给人以整体色调的感觉。

第三节 装饰色彩与写实色彩

装饰色彩,是相对于写实色彩的一个专用名词。写实色彩的表现是以光色现象为基点,描绘物象色彩的客观面貌,基本上是对自然色彩的真实记录。而装饰色彩则不注重物体受到的光色影响,却侧重于色彩的排列组合,根据一定的需要,强调色块构成的对比、和谐效果,并强调色彩的抒情性、生动性和新奇感与趣味性。多变而丰富的装饰色彩,可以构成独幅绘画作品,更多地运用于装饰艺术与设计艺术之中。

装饰色彩在现实生活中有着广泛的实用价值。它具有美化与象征的功能。任何绘画形式,就其本质而言,就是创造美的效果。不管是装饰色彩还是写实色彩,都必须具有色彩美感并将其作为追求的目标。使用色彩而不能取得美的效果,便是一种失败。写实色彩产生的美,是对客观对象真实生动地描绘,装饰色彩的色彩则是对物象直接装饰,通过夸张、变色、限色等手段加以美化,使之效果独特、美目怡神。(参见彩图46)

装饰色彩在表现过程中,与写实色彩相比,有其独特的一面。有些表现手法是和写实性色彩的手法所共有的。如美化效果、夸张与平面化的表现手法,只是相比之下写实性色彩在作处理时要注意适度,夸张过度甚至变色就无法真实地表达,而完全平涂就谈不上有光影、立体、层次的表现,因而也会失去写实色彩的特色。有些手法是装饰色彩所独有的,如象征、变色与限色等;因为任何象征、变色的手法运用,都和写实性色彩描绘真实的光色变化相矛盾,而限色则与其丰富、复杂的色彩表现效果相冲突。所以,装饰色彩和写实色彩在具体应用时,要灵活把握。

　　另一方面,写实色彩与装饰色彩之间,在色彩原理应用方面存在着互补的关系。如写实色彩在作色调布局时,往往先不考虑具体的色彩层次变化,而注重大色块的组合来安排总体色调,待确定整体色调后,再进行具体物象的表现。这种方法有助于大色调的形成与控制,而这种方法也存在于装饰色彩的表现过程之中。再如,写实色彩以写生为手段,这种直接向自然界吸取色彩营养的积极措施,同样也促进了装饰色彩表现能力的提高。两种色彩方法的互相影响、互相促进的关系,在一些成功的色彩作品中有着明显的痕迹。克里姆特的作品,便是典型的范例。在他的作品中,色彩的运用,明显的有印象派的影响,同时大量吸收了东方装饰艺术、中国民间的脸谱、织绣、木板年画的色彩营养,从而形成了既写实又装饰,既华丽灿烂又和谐统一的特有风格。写实色彩与装饰色彩相互渗透的手法,已成为当今艺术发展的一种趋势。很多艺术家在这方面都取得了突出的成就。(参见彩图47)

第七章

水粉画表现技法

第一节 水粉画概述

一、水粉画的发展概况

水粉画是一种工具简便、应用范围十分广泛的画种。水粉画的历史相当悠久,如我国北魏时期的敦煌石窟壁画,元朝的永乐宫壁画等。传统的工笔重彩画,民间年画以及古罗马地下墓室中的壁画,实际上都是早期的具有水粉画特点的绘画形式。

在我国,从20世纪60年代起,这个画种被美术院校列为色彩教学的基础课程;有的院校甚至根据教学需要,将水粉画取代了水彩画的位置,成为绘画基础训练的必修课。水粉画在创作上有很高的艺术价值,同时在实际生活中,又有普遍的实用价值。如绘制年画、招贴画、绘制舞台布景、图案设计、建筑效果图设计、商品包装设计、纺织印染品设计等,常常以水粉画作为表现手段。多年来,经过画家们的努力,水粉画得到了很快的发展,创造了丰富多彩的表现形式与艺术技巧,形成了一个独特的画种。(参见彩图48)

二、水粉画的特点

水粉画是用水混合含胶的粉质颜料进行绘制的。它的材料与其他画种相比,具有自己鲜明的特点:水粉画表面无光泽,颜料有透明与不透明两种,遮盖力较强,色彩感觉明快、柔润、绚丽而丰富。它兼有油画、水彩画的优点,厚涂时具有油画的浑厚有力,薄涂时又有水彩画的透明淋漓。水粉画有较充分的表现力,可以反映出细腻的色彩层次,能表现空间的深度、体积感与质感。它可以利用水分而又不依赖水分;可以湿画、薄画,又可以干画、厚画;可以利用良好的覆盖性作反复地修改。水粉画不仅具有较强的写实表现能力,也适合于描绘平面性的装饰效果,平涂、渲染、推移与喷绘都能运用自如。(参见彩图49)

同时,水粉画也有它不足的一面。如作画时,由于粉质颜料里含有定量的白色,颜料在潮湿时和干燥后浓淡变化较大,悬殊显著,给色彩的控制带来了不便与困难。再如,水粉颜料调水后,水将胶冲淡,附着力不很强,因此不能画得像油画那样过厚,太厚了干后容易龟裂而脱落,但也不能画得太薄。水分过多,水迹斑驳,色彩灰涩,没有分量,显得轻飘与单薄。另外,水粉画中的白粉也需用得恰到好处,使用过多会显得苍白平弱而粉气,白粉不够时则又会显得火气与焦躁。

了解了水粉画的全部特性,便于在实际运用时吸取它的优点与长处,避免其缺点与

短处,以便充分发挥水粉画的性能,绘制出好的水粉画作品。(参见彩图50)

第二节 水粉画的材料与工具

一、笔

水粉画笔一般要求笔毛不宜过硬,也不宜过软;笔锋要有圆、方、尖、扁及大小不同之别。商店里出售的水粉画笔是用羊毫、狼毫按一定比例制成的,它弹性适中,含水、含色量多,运笔能够流畅,对初学者来说较为适宜。底纹笔和排笔的含水量较大,笔毛多由羊毛制成,比水粉笔长,毛层较薄,涂色均匀,宜于绘制大幅画面。

油画笔也可用来画水粉画,它的笔毛较硬,含水量较少,弹性好,宜于干画、厚涂或进行块面塑造。但是由于笔毛较硬,运用不当会把画纸擦毛,并使原先画好的颜色泛上来。另外,中国画用的毛笔如白云、叶筋等,也可用来画水粉画。白云含水饱满,有丰富的笔触变化,能涂、勾、点、扫,也可作干笔、枯笔,宜于细部的刻画。初学者一般备有大、中、小号的三四支水粉笔就可以开始作画。(参见彩图51)

二、纸

水粉画用纸较为随便,没有严格的要求。一般质地较硬,有一定吸水性能的纸,均可用来画水粉画。铅画纸的纹理有粗糙和平滑两面,一般用粗糙的一面。粗糙面有明显的纹理,易附着颜色,但纸质较松软,吸水吸色性偏高,颜色上去后"干湿反应"较大,色彩较灰,使用时要注意它的特点。水彩纸也有粗细两面,这种纸吸水性能适中,纸质较紧,承受颜色的能力较强,颜色上去后比较鲜明,干画时会出现"飞白"或"枯笔",湿画会减弱水流速度,也会出现"沉淀""水迹",宜于长期作业。

另外,绘图纸、卡纸、白板纸的质地较紧,表面平滑白洁,这类纸的吸水吸色性能都比较弱,颜色上去以后"干湿反应"较小,色彩比较明亮,有利用透明或半透明着色方式的运用。但光滑的底面颜色附着力差,不容易涂匀,往往要加二三层才能显出效果。有时为了制造特殊的效果,也可以用宣纸、高丽纸、皮纸作画,但难度较大。

作画时,为了解决画纸在受水分后容易出现凹凸不平的问题,最好是将纸裱在画板上。裱的方法是:先将纸的背面用水喷湿,平铺在画板上,再用糨糊或胶带将纸的四方加以固定。

三、调色用具

水粉画的调色用具,主要有调色盒(板)、笔洗。

调色盒(板)要求是洁白、平整、不吸水。市场出售的调色盒大致有三种:一种主要用于盛色;一种主要用于调色;还有一种可作调色、盛色兼用。第一种盛色较多,但不易携带;适宜在室内配合调色板同时使用。为了防止颜色干裂,不用时须覆盖一层用清水浸湿的布或泡沫塑料,使颜料保持水分,不易挥发干涸。作画时,也要照看调色盒内颜料的水分情况,特别是外出写生,风吹日晒,颜料很容易变干,要注意用清水滴洒颜料。颜料太干,作画会很不顺手,以至影响作画速度和画面效果。如果绘制大幅水粉画,在室内可用瓷盘、瓷碟等。

调色盒(板)上颜料的储存和排列,应有一定的秩序。要按照明度、冷暖的渐变次序进行排列。这样,不至于在使用时颜色与颜色之间出现不相干的混染。

笔洗最好准备两个,一个用作调色、洗笔,一个用作清洗画面。笔洗的大小视画面需要而定,品种以塑料瓶、塑料小桶为宜。另外,还需要准备一块吸水布,以便随时把画笔上多余的水分或颜料吸掉、擦去。

四、颜料

水粉画颜料,又称"广告色""宣传色"。市场上有瓶装、锡管装和袋装三种。瓶装颜料比较稀薄,但有一种瓶装浓缩水粉颜料质量较好,颗粒很细,宜于作装饰性绘画;锡管装使用及携带最为方便,质地较细,为多数人使用;袋装颜料颗粒较粗,一般用于舞台绘景和绘制大幅广告等。

现将常用的水粉颜料的种类,介绍如下。

白——有钛白、锌钛白、锌贝白等。其中,以钛白最白最亮。白色遮盖力较强,不透明,与其他颜色混合时能提高明度。

黄——有柠檬黄、淡黄、中黄、土黄、橘黄等。柠檬黄最为透明,但是遮盖力差;而土黄、橘黄不透明,但是遮盖力较强,其中土黄极易与其他颜色调和,是经常用到、不可缺少的颜色。

红——有朱红、大红、曙红、玫瑰红、土红等。其中,朱红、大红、土红不透明,遮盖力较强;曙红(即西洋红)与玫瑰红,稍有透明感,遮盖力较差,极易泛色上浮,较难控制;土红极为稳定,可代替赭石使用。

绿——有淡绿、粉绿、翠绿、深绿等。其中,淡绿与翠绿略有透明感,遮盖力较差。

蓝——有钴蓝、湖蓝、群青、普蓝、孔雀蓝等。除钴蓝外,其余颜色均略有透明感,遮盖力均较强,孔雀蓝与钛青蓝相近。

紫——有青莲与紫罗兰等。遮盖力极强,但是色相不够稳定,常以红蓝相调代替。

黑——遮盖力最强,易与其他色调和。

水粉画颜料除了色相、冷暖的不同,还有易干性能和易变性能上的差异。

易干性,是指颜料中水分挥发的速度大小。水粉画颜料都容易干,尤其是生褐、熟褐、煤黑、橘黄干得更快。画面上颜色干了,就会影响颜色之间的衔接,调色盒里的颜料干了就不能再用。因此,在作画时,要使颜料保持一定的湿度,才能行笔流畅,笔触融合柔和;颜料不用时应经常保持湿润,将瓶口、锡管口封紧,以免干涸造成浪费。

易变性,是指水粉画颜料的干湿反应大小。即潮湿时颜色鲜艳,反差较大,干后容易变灰;潮湿时颜色较深,干后容易浅。一般来说,与白粉或不透明的浅色混合过的颜色,干后容易变深、变灰,明度较低;和一些较透明的颜色相互混合或单独使用,潮湿时颜色显得鲜明、纯净,而干后容易变浅。

另外,颜料经日光照射或受潮后,耐光性能较差,如玫瑰红、普蓝、煤黑等容易褪色,而土红、土黄、赭石等矿物质颜料耐光性较强,比较稳定。

对水粉画颜料的性能与特点有了一定的了解,目的是扬长避短,充分发挥水粉画颜料的特性,画出其他画种所无法达到的效果。

第三节　色彩的调配与用笔

一、色彩的调配

颜料的正确调配是表现色彩的前提,是把"颜色"变为"色彩"的关键手段。在市场上买来的颜料里,很难找出一种完全符合自然物体的颜色,只能说它们比较接近某种物体的色彩。这是因为,颜料本身是孤立的,而物体的色彩则是存在于一定的色彩环境之中,它的变化无时无地不有,用有限的几十种颜料无法表现那丰富多彩的色彩世界。所以,必须以正确的观察为依据,将各种颜料相互调配,以达到表现的需要。如果看到的色彩调配不出来,那么色彩表现将成为一句空话。

(一)原色调配

将三原色中任意两种原色相混合,就得到一种间色。通过三原色表可以看到,蓝+黄=绿,蓝+红=紫,红+黄=橙。再改变两种原色的配合比例:红多于黄为橘红,红多于蓝为紫红,黄多于红为橘黄,黄多于绿为草绿,蓝多于红为青紫,蓝多于黄为翠绿。配合的比例不同,色彩效果也不同。

(二)间色与复色的调配

一种间色与另一种间色相混合,就得到复色。绿+橙=黄灰、紫+橙=红灰、紫+绿=暗绿。改变不同的比例,会产生丰富的变化。

间色与其补色以及三原色相调,得到的都是复色,其原理与间色之间的调配相同。

(三)灰色的调配

在作画中,灰颜色用的最多,即所谓"高级灰"。灰色也是最难调配的,要想得到漂亮的灰颜色,必须在实践中不断体会,积累经验。三原色相加产生灰,所以复色都带有灰味。在实际运用时,常将补色相加,得到很好的灰色。使用的补色不同,所得到的灰色色相也不同。配合比例多变化,所产生的灰色就更加丰富微妙。如玫瑰+粉绿+白,能得到极好看的紫灰或绿灰。

用两种冷暖不同的颜料相加,也可以产生许多好看的灰色。例如:熟褐+群青、土红+翠绿,这样调出的灰色带有一定的色相,色彩沉着。

任何一种颜色与黑色混合,都能产生灰色。例如,黑+红=暗红,黑+黄=绿灰。如果用白色提高明度,可以得到极丰富的浅灰。使用黑色,可以扩大色彩调配的天地,使用适当,能取得非常微妙、精彩的色彩效果;但要谨慎,用量不宜过大,特别是表现暗部较深的色彩时,应尽可能不用黑色。

二、调和方法

水粉颜料的调色方法,大体有以下几种。

(一)混合法

混合法，是将几种颜色直接较均匀地调合在一起。这是最为常用的方法。

(二)溶合法

溶合法是将几种颜色用水稍加搅混，不使其完全调匀就涂于画面。这种方法由于笔上的颜料和水分没有完全混合，一笔涂去会产生两种甚至几种色彩，因渗化流动而色彩丰富多变。

(三)并置法

并置法，是将几种不同的颜色基本上不加调和或极少调和，直接并置于画面，利用同时对比来达到混色效果。这种方法具有色彩鲜明强烈的特点。

三、用笔方法

有颜色的笔在纸上留下的痕迹，称之"笔触"。"笔触"是绘画语言的一部分，是作画者技巧、修养的体现。任何画种，对用笔都十分讲究。行笔的快慢，笔触的大小、方向、硬柔等，是构成画面美感的重要因素。"笔触"不是目的，只是一种表现对象的手段，为塑造形体服务。在作画中应根据不同形体、不同质地、不同空间位置的对象，采取不同的用笔来表现。常用的用笔方法，主要有以下几种。(参见彩图52)

(一)摆

依据形体块面结构，将颜色一笔一笔地摆到画面上，其笔触明显、肯定、有力，但要注意用色不宜水分过多。

(二)点

笔尖接触纸面，面积小为色点，面积大为色块。点的方法有多种，可以用笔尖触纸后提笔，也可以使笔尖触纸后旋转笔锋再提笔，还可以使笔尖触纸后朝某个方向挑起，产生飞白。

(三)扫

笔尖含色较少，笔锋散开、扁平，运用时轻快自如地在画面上扫动。这种笔法常用于表现蓬松物以及处理较虚的效果，如画皮毛、天空的云彩等。

(四)拖

笔触拖得较长，露笔锋，带飞白，轻快流畅。这种笔法常用于画树枝、布纹等。

(五)刷

笔在纸上平涂，笔触成片状，常用于面积大、较单纯的部分，如背景、衣服等。这种笔法多用于湿画法中。

(六)擦

笔尖含色、含水较少，轻按笔在纸的表面作飞白，轻重相济，虚实相间。这种笔法多用于作画后期的调整阶段。

(七)湿化

用大排笔将纸面润湿，或将纸浸泡在水中弄湿，再根据其湿润程度上色，使色彩在饱含水分的纸上自然晕化，以产生意想不到的色彩韵味。此笔法常用来画雨景、远景、水面等。

(八)湿接

在第一块色未干时,立即画上另一块色,两块色之间包含有不同的色彩,又没有明显的衔接痕迹。由于水粉颜料有干湿变化,湿的色彩与干的色彩很难衔接,湿接是解决色块衔接的有效办法,常用来表现亮部与暗部的过渡。

(九)洗

用笔或海绵蘸清水洗去画面某部分的颜色,常用来洗去物体所需要的亮部、高光。通过洗,也可以使色块衔接自然;洗还可以调整画面,出现意外的效果。

(十)留

留,是指用笔不能机械,不可以像油漆工刷墙一样地涂色,而是要用笔轻松自如,在必要的地方留下纸的白色。如画白色的花时,结合运用留白纸的方法,能取得很好的效果。再如,某些物体的高光,用留白表现更为生动。

第四节 水粉画的基本技法

一、水粉画的干画法与湿画法

(一)干画法

干画法,是指着色时水少颜色多,甚至有时不调水直接用颜色去画。这种画法颜料干燥较快,并且干后变化不大。它的表现效果类似油画,对初学者练习色彩的调配与了解色彩的规律收效较大。干画法不必过多地考虑水分的变化因素,因此在作画时可以专心于观察和细致分析。干画法虽然运笔比较涩滞,而且可能出现枯干状,但落笔明确肯定,适合明确的块面塑造,对表现坚实、体积感强的物体,如凹凸分明、明暗层次转折清晰的形体等,具有很强的表现力。(参见彩图53、彩图54)

干画法的覆盖力较强,可用来以较厚的颜色在原有的底色上进行覆盖与改动,叠加用笔要果断轻快,不可用力反复涂抹。若来回涂抹次数过多,会搅起底色而使色彩污浊、灰腻。

干画法非常注重用笔,因为每一笔都代表一定的形体和色彩关系。因此,观察和分析时要细致,调色和落笔时要肯定、准确,不可含糊。干画法的用笔方式,一般多以"摆""贴""点""拖"为主,用笔的轻重、大小、快慢和方向,应视具体情况处理。

(二)湿画法

湿画法与干画法相反,用水多,用色少,趁画面湿润连续作画。这种画法要求画面必须始终保持湿润状态,用笔要快捷、轻巧,在时间上和水分的控制上都有较严格的要求,对初学者来说有一定的难度,不易较快掌握。用湿画法作画时,要注意控制调水后颜色的浓度与纯度,注意水、色、白粉三者在不同比例的调和中所产生的色彩变化,还要估计颜色干后的效果。湿画法虽然薄涂、水分多,但是终不如水彩那样透明,达不到水彩明快清爽的效果。湿画法较适合大面积的涂色,如表现宽阔、朦胧的云彩、水石、烟雨、群山和静物的背景等,具有滋润柔和、洒脱耐看的韵味。(参见彩图55、彩图56)

湿画法适于交界对比不明显的物象,运笔要流畅,涂抹次数也不宜过多。反复涂抹,会失去水色的韵味。渲染得当,形体和色彩可以结合得比较含蓄柔和;而处理不当,很容易造成结构松散的毛病。局部表现时,最好一次完成,亮部和高光部分也可以留白表现。

利用湿画法还可以进行画面的修改以及色块间较好地衔接。其方法是在已干的色层上用洗净的大笔蘸清水轻巧快速地刷过,使色层滋润,然后将新的颜色趁湿涂上,但是需要注意控制用笔的速度与力量。另外,使色层潮湿的方法,也可以用喷壶在一定距离外均匀地喷洒。

湿画法可以直接画在干燥的纸上,有利于形体的表现,也可以将纸浸湿后再去上色。湿纸的方法既可以把纸全部打湿,也可以局部打潮。前者,是将勾好轮廓的纸全部浸在清水中,或用底纹笔将纸的正反面全部刷上水,然后再使画纸呈一定的角度倾斜,未干时即可掌握时机上色;后者,则是根据表现对象、表现形式的需要,及作画过程中的各种偶然性灵活掌握。

湿画法的用笔应放松自如,注意笔与笔之间水与色的渗化要恰到好处,一般多以"涂""抹""扫""构"为主,中锋、侧锋与逆锋并用。

二、水粉画干、湿的深浅现象

对初学者来说,水粉画难掌握。其中,干、湿的强、弱所引起的深浅现象,就是一个比较大的问题。水粉画在干与湿时会呈现不同的深浅感觉,这种感觉实际上是一种假象,即使对有经验的人,有时也难以识破。因此,初学者就更应该注意这个问题。例如,在纸上涂一块颜色,待干后将其半边用清水浸湿,这时会出现两边深浅不同的颜色来。用清水湿过的那半边不是变深,就是变浅,而干后仍可还原成原来的效果,这说明干湿的变化是相当明显的。而初学者缺乏经验,看到颜色变深了就加白,看到颜色变浅了就加其他色彩,结果待全部干后,色彩完全走样,不可收拾。如果在改画时,问题就更显复杂。因为这时不单是用清水浸湿画面,而是要用各种不同明度、色相变化的颜色与画面上的色彩进行衔接。

接色时,干的颜色和湿的颜色相遇,确实很难估计它们衔接后的效果。为了较准确地控制这种干湿变化,在改画时,可先将需修改处及周围部分用清水浸湿,使之统一在相同明度上,然后再上色修改,这样可以避免干湿所带来的问题。(参见彩图57)

那么,水粉画的干湿所引起的深浅现象有没有规律可循呢?有必要对水粉画的白粉作一深入的了解,这有助于对干湿变化规律的把握。

水粉画干湿现象的产生,是与用白粉的多少有关系的。例如,用白粉和大红相混合(白粉的数量少于大红色数量),水分较多,这时会出现湿时浅、干后深的变化。因为白粉的浮力大于大红颜色,潮湿的时候浮在表面,遮住了大红色,所以显得较浅。然而,随着水分的蒸发和被画纸吸收,这些浮在表面的白粉就逐渐为量多的大红颜色所吸收和溶合,白粉的特征逐渐减弱,红色则渐渐变深。

另外,干湿变化还有一种现象是湿时深、干后浅。这种情况通常用粉很少或没有用粉。如普蓝加很少的白粉画出的颜色,就会湿时深、干后浅,若用纯普蓝画一块颜色,则效果尤为明显。类似的情况,还有深绿、翠绿、群青、熟褐、深红等。因此,在作画时,要把水粉画的干湿变化与使用白粉联系起来,才能在实际的练习中摸出干湿变化的规律。

三、水粉画的作画步骤

初学画水粉，可先画几幅单色水粉的练习，以便熟悉水粉画材料的性能和造型方法，然后再进行色彩写生练习，解决色彩表现问题。这种过渡练习，对初学者是有利的。

水粉画写生，一般分为起稿、铺色、具体刻画和统一调整四个步骤。

（一）起稿

水粉画起稿，一般先用铅笔打轮廓，确定构图位置，划分出大体的形体比例结构及明暗转折，力求准确、简练，不必过细刻画，然后再用单色在铅笔稿的基础上定稿。

用铅笔起稿时，应对所表现的物体，作全面仔细的观察、了解，抓住对象的要点，分清主次，用概括与取舍的手法表现物象的整体感觉。这一步很重要，有些初学者对铅笔稿很不在意，认为随便勾几笔或直接用单色打轮廓就行了，反正下面还要用颜色刻画，不必把过多的时间用在打轮廓上，这种想法是错误的。因为初学者的造型基础不很牢固，如果没有比较准确、具体的形体轮廓作为铺色的基础，在用颜色表现时要考虑很多明度、纯度、冷暖等色彩因素，就显得力不从心。这时，既要表现形体结构的准确性，又要照顾色彩关系的正确，往往会出现不可收拾的局面，使画面的形体、色彩混乱不堪，丧失作画信心。因此，对起稿要有足够的重视，切不可在形还没打好或形体比例不准确的情况下急于上色。

铅笔稿大致完成后，一定要用颜色定稿，一般多用群青或熟褐。这一步的主要目的是更进一步完善物体的造型，使其更准确、更完整。单色定稿时，笔的大小要适中，颜色不宜太厚，要求运笔流畅即可。用笔的轻重，可根据形体结构的变化而有所变化，不要平均对待。如背光部的用笔、用色就可以重一些，受光部的用笔就可以轻一些，使物体具有明确的明暗效果。单色定稿不仅是进一步确定铅笔稿，同时也是上色的前奏。这一步应注意考虑物体的色彩关系和画面虚实的处理，以便为色彩表现埋下伏笔。（参见彩图 58、彩图 59）

（二）铺色

打好轮廓后，下面的任务就是上颜色。通常轮廓完成后，应退远几步，对画面和表现对象作一个整体的审视、感觉，计划一下着色时该怎么画，从哪里入手，分析一下总体的色调、几块主要色彩之间的关系以及明部与暗部的色彩对比等，做到心中有数，胸有全局。然后，把对象的主体、背景、暗部、明部等各方面的色彩关系，用较大的色块迅速、概括地画出来。这时，一定要注意色彩之间的比较，眼睛要在对象身上扫来扫去，切不可盯住某一局部的色彩不放。

至于铺色时从何处入手，水粉画在着色程序上较为灵活。从远景画起可以，从中景画起可以；有的从主要物体开始画，也有的从对画面起主导作用的地方着手；可以从暗部画到亮部，也可以从亮部画到暗部或从中间调子开始。但从造型的角度而言，还是从暗部画起为好，这种方法对初学者更为有利。因为这样，可以从一开始就有比较明确的体积感，便于对形体的理解与塑造。若从亮部画起，则益少弊多，很难控制，一般不采用。

从暗部开始着色的方法类似油画画法，也符合素描的作画过程。着色时一般先铺物体的背光部和投影的色彩，笔触应大而整，不能拖来拖去，摆笔触时要轻快、明确，注意色彩之间的差别和暗部的透明，不能画得太暗、太死，既要暗，又要透明，所以不能画得太厚，其明暗、冷暖要与环境背景联系起来画。同时，要严格地控制白粉，一般情况不用或少用,而很深处应忌用白粉,否则暗部的色彩将非常糟糕;当然,有些暗部不太暗的物体,也可以使用白粉,只要不影响明暗调子的关系。在画物体明暗交界处时,可以往亮部多画一点面积,以便在与中间色的衔接时,形体明暗转折的位置准确。如不多画出一点面积,而是正好画在明暗交界线上,待上中间色后,由于色块的挤压会造成明暗交界线的偏移,而使形体结构变形,这是值得注意的一点。

画暗部时,不可把投影和物体背光部分孤立起来画,一定要联系起来考虑。两者较接近时,通常融在一起表现,作画时,要善于做这样大胆的处理。很多初学者往往看哪里画哪里,就像填色块,画出的形象僵硬、呆板,没有体积感和色彩关系。另外,暗部的色彩一般都很微妙,较难掌握。如果盯住暗部看是看不准的,可以使眼睛看看背景、受光或其他部位的色彩,用眼睛的余光去感觉它,可能会获得较准确的感觉,画暗部的时间不能停留太长,不宜过细刻画,要很快地转入中间色调、背景、亮部的铺色。

中间调子的色彩领域最宽,其明暗差别非常细腻,色彩的冷暖、纯度、明度变化最为微妙,因此,着色时要特别注意观察分析,表现时要使明暗、冷暖的过渡自然、贴切,避免简单、生硬。中间调子的用色,可以比暗部略厚,用笔概括、大块,色彩之间的衔接注意时间的把握,以颜色不干时相接为最佳。不要东画一笔,西画一笔,给接色带来麻烦。

处理完中间调子之后,可以画亮面色彩的变化以及较饱和的色彩,同时将一些背景等部位的色彩画出。在特殊情况下,有时也可以先画最鲜艳、耀眼的地方。这样,可以照顾到大面积色块对整个画面基调的影响,以及周围色彩对主体物的影响。

总的说来,铺色阶段主要是摆出画面大的色彩关系,不宜深画,用笔宜大,颜色宜薄,甚至有些地方可以像水彩画那样用较薄的颜色迅速地画出,但要做到色彩关系准确,为下一步的深入刻画提供良好的基础。(参见彩图60、彩图61)

(三) 具体刻画

这一步是前面两个过程的继续和深入。所谓深入,就是在总的色彩关系中,对某些局部、细节的具体化,使物体的明暗转折更明确细致,物体的色彩层次、质感以及空间关系的微妙变化得到更充分的表现。具体刻画阶段,难免要从局部入手,在表现局部时,要特别注意局部与整体的关系。一切局部的塑造,要以服从整体的色彩关系为原则,不可只顾细部的刻画而不顾整体的色彩关系,甚至破坏整体。

具体刻画阶段一般是从画面的主体物着手,然后再画次要物以及陪衬物等,这些物体要逐个完成。具体刻画特别讲究用笔,用笔要有变化,根据画幅大小和物体的造型,决定笔的大小。如台布、大色块部位、衬布等,可用大笔;物体的局部,可用中号笔;细微之处,用小号笔甚至用小白云、衣纹笔等。局部刻画时,对已画上去的理想色彩要注意保留,不要轻意盖掉。要知道,有时铺色时画上去的色彩会很理想,不必再去调整,深入刻画的概念不是重画一遍,而是充实新的,保留好的。这一阶段还要注意,对整个画面的处理不能平均对待,不应看到什么就刻画什么,要有主有次,有虚有实,有取有舍,才能使主体突出、整体效果得以充分表现。

用色的厚薄也是具体刻画阶段要注意的问题。水粉画虽然有较好的覆盖力,可以重叠加色,但也不宜画得太厚。画得过厚,不宜修改,并且容易干裂脱落。所以,作画时应从薄到厚。开始阶段一般用色较薄,然后随表现对象的需要,逐渐加厚。具体刻画时用色可以厚一些,尤其亮部或某些物体质感的表现需要,用色可更厚一些,但暗部、阴影、远处、虚处等还是薄画为宜,不可用颜色到处厚堆,特别是用厚颜色覆盖暗部的色彩,造成暗部色彩闷死,甚至厚的发亮。具体刻画是非常重要的一步,它决定整幅画面的成败;这一阶段的刻画、塑造直接影响画面的最后效果,它与最后一步统一调整有着密切的关系。(参见彩图62、彩图63)

(四)统一调整

水粉画的整个作画过程,不论是起稿、铺色,还是深入刻画,都应有一个整体意识。它应是反复比较、仔细观察与整体表现的过程。在深入阶段,一般总是局部进行的。在局部的表现过程中,难免会出现对整体不利的因素,所以在画面大致完成后,还必须回过头来从整体上加以统一调整。这一步可以从下面几个方面来检查:首先检查一下整个画面有没有不协调的色彩,如暗部的颜色太跳,亮部的颜色纯度太高等。其次,是看一看画面有没有太多的色彩相雷同,如不同物体的投影,不同空间位置的相同色彩等,都应有不同的色彩变化,发现有不该雷同的色彩应及时加以调整。另外,再检查一下在整个画面的处理上,是否突出中心和重点,如静物画中的主体物、风景画中的视觉中心、人物画中的典型特征等。这一阶段的工作,主要应从整体效果着眼,要多看少画、多找问题,做针对性的处理,但不宜过多地改动。(参见彩图64)

以上四个步骤,既有各自的独立性,又有相互之间的依赖性。它们具有紧密的联系,不应截然分开。这也就是说,画第一步的时候,就应当想到完成后的效果,而画面最后的效果又取决于前几步的好坏。因此,在画水粉时,每一步都要和整体联系起来。任何一个阶段,只要有整体观念,就一定能画好。

第五节 水粉风景

一、风景画的色调

(一)风景画色调的特点

自然风景的色彩特点,主要取决于光和气氛。室内的景物在较固定的光源条件下色调相对稳定,而室外的风景由于光的千变万化,其色彩效果表现丰富,即所谓"光色氛围"。

风景的色调,一般来说,早晨的光色氛围清新透明,色调偏冷;中午的光色散乱平淡,色调苍白;黄昏的光色浓烈绚丽,色调偏暖。同一角度的景物,如果早晨是正面光,到黄昏则成为逆光。同一景物在同一时间内,又由于阴晴、雨雾的气候变化,使得景物的色调相去甚远,或柔和朦胧,或明净清丽,或凝重深沉。从法国印象派画家莫奈的画中,可以清晰地看到"教堂"在一天中清晨、正午、下午、黄昏及夜幕降临时的色彩变化,甚至可以把莫奈画的十几幅《草垛》,根据自然光色变化的规律,按钟点顺序排列起来,就成了自然景物的色彩在光的照射下不同时间产生不同效果的典型说明。

另外,自然景物在不同的季节也会出现色调的变化。这种变化不仅是光照方式的差异,而且是自然景物色彩发生了质的转变。如春天的嫩绿,到了秋天却变成了枯黄。可以说,光色区别主要是景物外部一种条件的变化,而气候的转变则主要是内部因素的变化。

因此，这两种情况的变化，使得风景的色调更为复杂，不仅是色彩效果的变化，它的主题、意境都在变。这更要求作画者的色彩表现能力和艺术修养能力要强。（参见彩图65、彩图66）

（二）如何表现色调

对初学者来说，练习色调表现的有效方法，是对色彩的概括、提炼的训练，获得这种能力的标志，是对色调的自觉、积极的追求与控制能力。对色彩的概括能力表现为对画面中几块大色块的归纳，即所谓的大关系、大调子。如画一幅风景，在处理天空与水面的关系时，应略去繁琐的细节，反复地观察、比较，感觉到底是天色深，还是水色深？再分析究竟是天色暖，还是水色暖？同时，从大块色着眼考虑水在整个画面中，是否属于中间灰色层次。若是，则应控制灰到何等程度，不够或过分都会影响与其他部位的色彩关系，从而失去色调的准确性。因此，在作画时，必须从大块色彩着眼，把眼睛眯到最小限度，来感觉几个大色块的相互关系，反复比较，观察出总的色彩倾向，并用它决定各自的色彩面貌。然后，在控制住几大块色彩的基础上，再去表现物象细部的色彩变化。表现时，应服从大色块的感觉，不可破坏整体的色调气氛。所以，对色彩的概括、提炼是表现色调的关键。无论是记录性的小幅风景速写，还是描绘细致的写实风格，无不是在几个大色块的关系上发展变化，大色块始终支撑着复杂、丰富或单纯的色调。（参见彩图67）

初学者画色彩风景画时，往往迷恋于局部的色彩丰富，而对色调气氛不够重视。他们往往缺乏理性思考，取量过多，画幅过大，作画时间过长，没有阶段性的学习计划和课题目标，常常陷入盲目。因此，初学者在画色彩风景写生时，要注意以下几个问题。

(1) 要明确不同的光色变化，抓住特定时间的特定感觉。如早晨就应表现早晨的色调，而不能随着景物光色的变化不断地修改画面的色调，最终导致色调混乱，不伦不类。

色彩风景写生，实际上带有某种记忆画性质，就如同一幅动作速写，不能随着动作的变化，而将不同姿态的手、脚、头集于一身，使动态变形很不协调，正确的方法只能是整体地记忆与整体地表现。

(2) 取景不宜贪大、求全。画面的景物过于复杂，对初学者来说就无从下手。选景时应避免琐碎、细节过多的景物，选择开阔、整块的景物，给大色块效果的组织带来客观上的便利。

(3) 不应过多地刻画细部，以至时间拖得太长，自然景物的色调变化大，画面不好收拾。因此，作画的目的要明确，并善于掌握时间，下笔要大胆、概括，尽量在短时间内用概括的笔触抓住色调气氛，发现景物的色调有明显的变化就应适可而止。

为了使初学者更快、更好地提高概括色彩的能力和技巧，可以多画些小幅色块风景速写。这种小幅色块速写，通常为32开大小，作画时间短，半个小时左右甚至20分钟即可，并且须强调用大笔（1厘米左右宽的方头笔）画小画，以防把小色稿画成一幅精致的小风景画而失去训练意义。画与时间短的限制，给初学者带来了很多的益处。它可以强求作画者以最简练的方式，来处理整体色彩，敏锐地把握准大色调，了解并掌握色域配置的方法以及色彩构图的多样性。它的训练目的，就是如何把几块色彩摆得好看而和谐，而色彩在单一面积内不求变化，甚至干脆可以平涂。但是，几块色彩间的关系，是必须反复权衡与推敲的。此外，还应注意几幅小色块风景的色调区别，尽量拉开色调的距离，以便掌握不同色调气氛的色彩规律。小色块风景速写，是学习色彩风景写生的一个重要过渡阶段，它能为人们积累色调经验与语汇，对将来画其他形式的风景画会有极大的帮助。

画小色块风景并不意味着草率，它更需要敏锐、充满激情，同时又十分沉着冷静，用笔时不必过急过快，要胸有成竹后再下笔。这样，就能做到概括性强、废笔少、涂改少，时间也就缩短了。（参见彩图68）

（三）色调的意境表现

一般来说，风景画与静物、人物题材相比，更讲究意境的表现，亦即更强调色彩的情感因素。自然景物通过绘画的表现语言，尤其是经过色调的艺术处理能产生独特的魅力。因此，学习画色彩风景，要逐步做到有景、有色、有情，这三者是紧密联系的。（参见彩图69）

色彩的情调存在于自然景物之中，但也包含了画者对景物的主观情感的抒发。两者的完美结合，才能产生富有感染力的色调。法国巴比松画派画家柯罗用朦胧的灰绿色调，让人们感受到晨曦中的清新、透明的氛围，令人身临其境；俄国画家列维坦的银灰色调创造出了宁静深沉的情绪，那黄昏的夕阳、薄暮的月色仿佛在讲述美好而神秘的往事；莫奈用灿烂明媚的暖灰色调，让人们置身于阳光的温暖之中，感受生活的美好。用色彩表现自然风景的意境和情调，色调对自然色彩的概括就不能停留在一般性简单的归纳上，而是要根据画者对景物的感受与立意，对色彩进行适度的夸张和统一，甚至是变色，所有的色彩处理都要为主题的表现服务。对初学者而言，做到用色彩抒发情感是很困难的事情，它必须以扎实的色彩基本功为前提。值得注意的是，在基本功训练阶段，应该培养"意境""情调"意识。

二、各种景物的表现方法

（一）树木

画树时，要整体观察树的形状特征、色彩倾向。画树丛时，要分析它们的远近疏密与色彩的透视变化。大多数树木都随着季节的变化而更替自身的色彩，变化很大。春季的树大多为乳黄、嫩绿、淡雅清新、充满生机；夏季多为深绿、蓝绿、浓郁苍翠、饱和欲滴；秋季则有的树由绿变红，多为深黄、橘黄和柠檬黄。一些常绿树如松柏、毛竹等，因季节的转变在色彩上只有黄绿、深绿和灰绿之分。多数的树在一年之中绝大部分的时间为饱和的绿色。在一天之中，由于光色的影响，早晚含红黄成分多一些，树的受光部分呈现出有暖昧的灰绿色；中午由于强烈的白光而暖中带冷味；夜间在没有其他光源色的条件下为深蓝绿色；阴天的树有较强的冷味绿色。在写生时，要把这些常识结合具体的画面灵活掌握。

树的色彩由于固有色鲜明而强烈，对初学者来说很容易在处理上简单化，看不出色彩的变化而被固有色限住，树叶的色彩要画得温和平静，找出它的层次和明暗体块关系，要善于不用纯绿去表现绿的感觉。画近景中的树，要注重树的组织结构和体积表现，以各种笔触表现不同树木的整体形态以及树叶、树干的生长特征。画中景的树不必画的细致，应画出大的体面和外形，远景的树更需要做概括性的处理。一般情况下，近处的树色彩明确饱和，远处的树逐渐过渡到灰绿、蓝绿、灰蓝等色。树的暗部和亮部冷暖上为对比关系，色相上也具有互补倾向。阳光下树的受光部分就会有阳光的色彩,而阴影的色彩通常有两种情况,一是上层枝叶的投影受天光的影响,二是朝向地面的背光部分则更多地受地面反射色彩因素的影响。树干粗糙,吸水性强,一般画的较重,但要忌"死黑",很多初学者往往将树干画得很暗甚至用黑色去画,结果画的很死,没有生气。树干的色彩还要针对不同的背景而交替变化,近处深,远处浅,近处稍暖,远处偏冷,中远景的树干一般不要追求体积感。画树时要充分发挥各种笔触的长处,不同树种、不同长势的树应用不同的笔触表现,使笔触和具体表现对象协调统一。远处的树一般用大笔触概括,达到虚的空间效果。(参见彩图70、彩图71)

(二)地面

地面是一幅风景画稳重的重要因素,画地面既要表现出总趋势的平稳深远,又要画出具体地形的起伏趋势,还要表现出地面上不同物体的质感特点。一般情况下,要画出地面的分量,天空为浮,地面为实,天空为清虚,地面显稳静。地面的深远是表现风景空间距离的重要内容,它一是要体现出地势变化的重叠交替、透视变形,二是要画出色彩的透视变化,在明度上近实远虚,近强远弱;色彩上近暖远冷,近处饱和鲜明,远处灰弱。大地伸延的层次要明确,既要注意拉开远景、中景和近景的空间关系,又要照顾彼此存在着的明暗、色彩、形体上的相互衬托关系。因此,切忌孤立地描绘某一物体,而要与周围环境联系起来画。地面的景物与天空的光照、特殊的气候、时间变化的影响有十分密切的关系,应注意地与天在色彩关系上要有呼应。

画地要防止破碎、杂乱,不要将所有看到的东西都画进去,要概括取舍。地面多数时候为灰重色块,中午阳光直射时,地面稍亮,顺光较逆光的地面亮,色彩上固有色较弱,随意性较强。地面较暗时,多为赭、褐、土绿色。地面上的小路、车辙、碎石等,常常使画面增添了趣味,充实了构图,对这些物象刻画要非常慎重,不能干扰破坏地面的整体效果。

地面延伸到和天相交处,就是地平线。每一幅风景画里,都有地平线存在,有时明确地出现在画面里,有时隐约可见。在视透上,地平线是和视平线相重合的;在空间上,地平线是作为画面中最远的一个层次出现的。顺光时地平线是含蓄朦胧的,对比弱而远;逆光时的地平线稍重一些,特别是夕阳西垂和日出之前,地平线就成了天地明暗交界线的所在,感觉上较实际位置近些。由于空气透视的缘故,各种不同的色彩在视平线上减弱靠近,呈现朦胧的蓝紫灰色。在处理远处的视平线时,切忌生硬,面面俱到,要画出由中景至远景的色彩、明暗的透视渐变。画远处物体,要注意总体上的感觉,形状要概括,小的起伏要隐在大的起伏之中,大的起伏要符合"平"的感觉。色彩变化要限定在很小的范围之内(晴天多蓝紫色,阴天多蓝灰色),随着空间的深远,天、地的色彩在接近视平线的区域内相互渗透,并以视平线为媒介联系在一起。(参见彩图72、彩图73)

(三)天空

风景画的天空,决定整幅画的调子和气氛。如画晚霞就不能不考虑它对地面物体的影响。因为天空的光色变化与地面和水中的景物密切相关。

画天空要有正确的观察方法,不能概念化,不能忽视空间的深度。观察时,应当用眼睛看天空的整体色彩变化,而不能看近处画近处,看远处画远处,要前后、远近联系起来看。这样,就不会将天空画成平板一块。一般是顶部最蓝,色彩饱和度高;靠地平线的地方,则有明显的冷暖变化,色彩的饱和度低,较灰较弱,愈接近地平线的天空愈灰,由蓝转蓝绿、红紫灰、蓝紫灰。画天空要讲究用笔的虚实,有时清晰而明确,有时则浑然一体、朦胧柔和。天空的色调变化,一般以冷色为多,但在特殊气候与特定时间中,也会出现多种色相变化。

云是天空表情的象征。不同的气候会出现不同面貌的云层,晴天有晴天的云,阴天有阴天的云。云有形状,丰富多变,较低的云变化多,体积感强;较高的云呈现薄的条带状,透明,体积感弱。天空的深远一方面靠天空色彩的透视;另一方面,则靠云的形状透视和色彩变化;即近强远弱,越远越平,最后连成一片。

天空晴朗时,云的亮部干净明亮,略带暖味,暗部为冷灰色,要表现出云的浮动感,轮廓要含蓄柔和,有虚实变化。傍晚的云形状变化多端,有的像城堡,有的像群山,色彩多,高处的橙红色向低处的中灰色过渡。画早霞和晚霞色彩,都应避免过分饱和与"火气"。阴天时的云是各种层次的冷灰色,色彩浓重灰暗,对比强烈,用笔可以扫、拧、拉,以表现云的翻动。画云常见的毛病是碎和硬,没有表现出总体的云层关系和厚度。画云也要归纳取舍,找出它的总势态和大体积,分清主次以及大小、聚散的组合,切忌看一朵画一朵。(参见彩图74)

(四)水

水通常有动态和静态两种形态。水给大自然带来了无穷无尽的美妙,也给风景画增添了迷人的魅力。

自然界的水本是无色透明的,但受天空光色、周围环境等因素的影响,就产生了特定的色彩和不同程度的透明感。在所有条件中,对水影响最大的是天空的色彩,所谓"水天一色";其次,是岸边景物的倒影,动荡的水面波浪其受光面为光源色,背光面为环境色,波谷处为天空色彩。清澈的静水能具体地反映出水面与岸边的景物,深色静水中倒影的色彩略有减弱,浑浊的水中倒影通常较为黯淡。晴天时宽阔的水面给人总的印象是蓝灰色,阴天时为中灰色,色相倾向不明确。中远景的水不倒映任何物体,只反射天光,因而呈现出明度很高的银灰色。

表现水的色彩要仔细观察,和天空的色彩联系起来看,多注意比较,一定要打破"蓝色"的概念,增强水面色彩的透视意识,要画出深远的距离感。如水面的越远处越亮、越灰,越近越饱和、越重;傍晚的水面受天空的影响为暗蓝紫色等。通过细致的分析比较,就能表现出丰富的色彩变化。

倒影是表现静态水的关键,一般倒影近处的色性稍暖,远处的稍冷。水面极静时,倒影轮廓明确清晰,上下难分;水面有轻微波动时,物体倒影边缘稍虚,形状垂直拉长;水面动荡不定时,倒影五彩缤纷成垂直倾向扭曲。画倒影时,可以和岸边的景物连在一起画,以取得含蓄自然、浑然一体的效果。

总之,水是流动的,时时刻刻在变化,因此不能看一眼画一笔。了解水的运动规律和色彩关系是至关重要的,只有做到胸中有水,才能画好水。(参见彩图75)

(五)山

古人对山的四季色彩有这样的形容:"春山艳冶而如笑,夏山苍翠而如滴,秋山明静而如洗,冬山惨淡而如睡。""秋至冬骨,夏荫春英"准确地把握了各个季节山的色彩和意境。山在色彩透视上,春夏季多为蓝绿向蓝紫推远,秋季由黄橙向红紫推远,阴天时多为蓝灰、紫灰、绿灰等色。风景画中画远山较多,处理手法大多比较概括。画山要层次分明,远山的层次过渡朦胧,轮廓含蓄,一般用大笔、大色块概括;中景的山要画出一定的厚度和起伏走势,注意大的体积关系,山上裸露的岩石与植被要略有表现,应符合山的形体关系;近景的山要肯定明确,转折强烈,用笔要随山势走向,并要注意从山顶到山脚的色彩和明度变化,山顶较冷较重,山脚稍暖稍弱,山脚处要注意山与地面的过渡关系,要让人感觉到山是从地上长出来的。不同层次的山也要注意贯通,前后要有呼应,有联系。

画山石要注意有方有圆,要强调大的体积厚度和形体转折,要体现石头的坚硬质感,必要时可用画刀和厚颜料塑造,会有很好的效果。山在构图上的走势,要与其他物体的势态相呼应,细小的轮廓变化要概括,切忌满幅凹凸,平均对待。画山常见的毛病是琐碎缺乏气势,或是内容空泛、结构失调。因此,画山时也要注意整体与局部的关系。(参见彩图76)

(六)建筑物

建筑物是常常出现在风景画里的表现对象。画建筑物时,首先要注意它的造型结构、透视变化。主要的结构,要画得准确,并处理好主次、虚实关系。建筑物至少要有两个面才容易体现出建筑的厚度、体积,要考虑角度的选择,构图时应有藏有露。根据画面需要,有时可用其他物体遮挡或破开建筑物的某部分,以取得画面的韵律和节奏。通常所有建筑物的体块结构,都十分明确,所以固有色与环境色的关系也比较清晰,便于观察分析,表现时只要根据近、中、远的空间透视加以归纳,是不难画出效果的,画建筑物既要耐心,又不能画得呆板。如高楼大厦的门窗,不必如数画尽,意到即可。同时,要根据近景、中景、远景的区别,分别进行不同程度的概括与色彩处理。

传统的古典建筑色彩富丽堂皇,结构繁琐,非常难画。写生时,首先要抓住建筑的基本几何形状,充分概括处理,突出生动之处,切忌面面俱到,要想突出所有的结构变化是不可能的,色彩上要注意分辨总的色彩印象和大体的光影关系。古建筑要画出"古"的韵味。如亭台楼阁、水榭荷池,应画得剔透玲珑,典雅风流。要尽可能用色彩语言将岁月的痕迹充分表现出来。(参见彩图77)

(七)人物

风景画一般以景为主,以自然的景物喻意传情,将自然景物人格化,通过景物抒发一种情感,引起共鸣。风景画人物安排得当,可以烘托风景画的气氛,但若加进不必要的人物,常常是"画蛇添足",降低了画面的格调,缩小了风景画的含量,导致画面的情节趋向繁琐、具体,破坏画面效果。

在风景画中,人物的安排通常有两种情况:一是作为构思、构图来总体考虑的。这种类型人物在画面中占有一定的分量,或是作为风景画的主题出现,这种风景画具有一定的情节性。二是将人物作为点缀,以风景为主,人物可有可无,无碍大局,出现人物可以衬托气氛,活跃画面构图,增强效果。在风景画中,安排人物应注意以下几点。

1. 合理性

即人物与环境的关系合乎情理。人物的身份、动作、服装、表情、道具等与环境要有必然的联系,只有那样的人才能出现在那个具体的环境里。安排人物要有生活的真实性,不能勉强加进去。风景画强调意境,人物要符合景物的特定情调,不能随意添加。

2. 情节动势的明确性

画中的人物在干什么,从哪里来,往哪里去,一组人物或几组人物之间是什么关系,要交代清楚。同时,要注意构图的布局。人物要有聚散、疏密,前后应呼应,动作力求生动准确,要避免呆板僵硬。

3. 明暗、色彩与环境的协调

要把人物的位置、明暗、色彩和整个画面联系起来考虑,应将人物看做是整幅画面构图的一部分,在构思、起稿时就要有所打算,而不应把人物看成是孤立的。人物的大小、位置、色彩直接影响整个画面的效果,因此在处理人物时,要有整体意识。

4. 人物比例、透视关系的正确

人物比例,一是指人体比例关系的准确;二是指人物与周围环境物的比例要协调。人物的大小,同时也说明景物的大小。画人物时,要注意视平线的位置,视平线低,人物的头越远越低;视平线高,人物的脚越远越高。画中人物脚跟的落点一定要准确,否则不是人悬空中,就是地面感觉高低不平。风景中的人物一般不要太近太大,人物的多少可根据画面需要而定。人是活动的,很容易吸引视线,形成视觉中心,一些没有必要的人物可以舍去,便于主题突出。(参见彩图78、彩图79)

第六节 水粉画容易出现的问题

初学者刚开始画水粉写生时,由于没有经验,画面上常常会出现"脏""粉""灰""生""焦""花"等毛病。这些毛病在初学者的画里,是普遍存在的。出现这些毛病的原因,主要有三个:一是大的色彩关系不对;二是黑白灰处理不当;三是冷暖关系以及色相变化关系混乱。下面就将这些问题产生的原因和补救办法,作一些具体分析。

一、脏

造成"脏"的原因很多。如本应是亮色块的地方,亮度画得不够,冷暖关系没画准确;应当是深色块的地方,画得太灰,没画出应有的深度;应当是灰色的地方,画得太黑。冷暖关系不对,以及固有色鲜明的色块色相没画对,都会产生脏的感觉。另外,缺乏调颜色的经验,调色时难免会混杂许多颜色,混色时反复调来调去,结果使调出来的颜色缺乏色彩倾向和光泽,画到纸上出现污浊感。

要解决"脏"的问题,首先要比较准确地分辨色彩,不要盲目地调颜色。要注意把衔接色的对比关系画正确,尤其要注意明度、色彩的对比关系,深色不可画浅,亮色不可画灰。调色时不应过多搅混,在画面上不可涂改太多,底色泛上来也会使画面脏,需要修改处应果断下笔,决不可在上面涂来涂去。

二、粉

"粉"是初学者最容易出现的问题,主要是乱用白粉造成的。画面深暗的色块加进不该有的白粉,使它深不下去,明度关系被破坏,产生粉的感觉;本来该鲜明饱和的色块,过多加进白粉,失去了应有的纯度关系,也显得"粉气"。

水粉画是离不开白粉的,没有白粉就画不成水粉画。那么,调进多少白粉才算合适呢?用白粉调颜色的目的是使色彩达到所需的明度与纯度。如果明度过亮,纯度降低,就说明白粉过多;相反,明度不够亮,纯度过于强烈,则是白粉用的不够。所以,对白粉的运用要适当,恰到好处。要避免"粉气",应注意以下几个方面。

(1) 在为了提高色彩的明度使用白粉时,要注意色彩的倾向性。要把光源色、固有色和环境色的关系,联系起来考虑;提高明度的同时,要把握住色相、冷暖的变化。物体的高光以及很浅的颜色不能用纯白去画,暗部能不用白粉的地方最好不用,可以用其他颜色代替。明度较高的颜色,也能提高色彩的亮度,起到白粉的作用。如浅黄、土黄、钴蓝、草绿等,加进这些颜色不但能提高明度,又能保持色彩应有的纯度。例如,画面里的黑色块,特别是暗面的黑色块调进了白色,就会变粉;如果将白换成柠檬黄、橘黄或者其他亮色,就不会出现粉,只会变灰、变浅,而且色彩透明优雅。

(2) 画灰色块要注意区别它的色相、冷暖和微弱的明暗变化。灰色画得过亮,冷暖关系不明确,应该暖的画冷了,应该冷的画暖了,没有色彩的倾向,到处是一片灰白的画面肯定"粉气"。因此,表现明度很接近的灰色时,一定要分析它们的色相、冷暖,找出灰色的倾向,如蓝灰、紫灰、黄灰、暖紫灰、冷紫灰、暖绿灰、冷绿灰等。一旦明确了色彩倾向,调出来的颜色就不容易粉了。初学者往往见到亮色就加白,见到灰色就用黑加白,没有色相,没有冷暖,画面的色彩一片浑浊。

(3) 在上色时要注意画面底层的含粉量。含粉量过多,重新画上去的颜色就再也画不深了。这时最好的办法是把底色彻底洗掉再画。不少初学者由于缺乏经验,画的过程中要经常修改,原先画的颜色较厚并且白粉较多,重新覆盖时用笔在上面涂来涂去,把底层的白粉全部带上来,再也没有办法涂下去,越画越粉。作画难免反复,修改也属正常,但是在改画时应对底层色的厚度和含粉量要心中有数。重新画时,或者将底层颜色洗掉,或者用笔果断、轻快地画上去,不使底色泛上来;否则,画面将会不可收拾。

三、灰

初学者画面的"灰"与色调里的"灰调子",是根本不同的两个概念。灰调子是色调中的一种类型,是色彩达到相当微妙、高级程度的一种标志。而画的灰,则是由于缺乏调色经验,或者观察方法不正确所产生的毛病。

灰调子是以灰色块为主色,灰色块的面积大于黑、白两种色块的面积,并且黑白两种色块的层次是分明清晰的。画灰了,是指黑白两种色块的层次混乱、模糊,也就是该黑的不黑,该白的不白。一般来说,画面上的灰有两种情况:一种是在素描关系上黑白灰拉不开距离,好比音乐上的"1、2、3"与"1、3、5"的对比一样,前者音阶接近,音调对比较弱;后者由于间隔一个音而给人比较响亮的感觉。二是调色时用的颜色种类过多,或者来回搅拌的次数太多,使颜色失去了光泽和倾向性。

解决的办法是:注意色彩明度的对比,暗的要暗下去,亮的要亮起来,拉开黑白灰的层次,不可含糊不清。色块与色块之间,要反复比较地观察、分析,明确或略夸张灰色的色彩倾向,能用两种颜色调出来的,不要用三种或三种以上的颜色调配。在调色时,不要来回反复搅拌,颜色调配要"生"不要"熟",洗笔的水要常换。

四、生

所谓"生",即不成熟的意思,是指使用颜色时不大与其他颜色混合,在效果上比较简单、生硬。造成生的原因,主要是对色彩的规律认识不够,看不出物体处在一定的光源、一定的环境下所产生的色彩变化,用简单的概念的颜色表现复杂丰富的自然色彩。初学者往往担心画面粉气,或怕画脏画灰,就不敢用白粉或做颜色之间的调配,直接用颜料盒里的颜色画,结果颜色很生,和实际对象色彩的距离很远,达不到表现的目的。要克服生的毛病,首先要学会正确的观察方法,学会理解物体的固有色受到光源色和环境色影响后的色彩变化,分析色彩的组成因素,找到配方,明确色彩倾向,大胆调配。要尽快掌握灰色的调配方法,同时提高对色彩的观察理解能力与手上的配色技巧。

五、焦

"焦",是指画面上出了一种烧焦了的感觉。其原因是赭石、熟褐之类的颜色用量过多。如物体的固有色是赭石类色彩,画的时候没有考虑光源色和环境色对物体的影响,直接用赭石、熟褐之类的颜色去画,会出现焦的感觉。如果和周围的条件色联系起来考虑,赭石类的色彩一定会有冷暖差别,把该冷的地方加进一些蓝色,把该暖的地方调进一些红色或黄色,将冷暖色性拉开,焦的现象就不存在了。另外,在调配颜料时胶质过重或在调配使用时厚薄不匀,也可能出现焦的现象。

纠正"焦"的方法是:不要到处使用赭石、熟褐之类的颜色;不要看是深颜色就用熟褐勾、描,深色要分析其色相的区别,要有冷有暖,不可对把握不准的色彩用熟褐代之。

六、花

"花",就是乱。其原因是宾主不分,缺少统一画面的主色调,画面中黑白色块与鲜明的高纯度色块的分布缺少组织,杂乱无章,或者画面过于强调局部的色彩对比,没有色块间的呼应等因素造成的。

解决花和乱的方法,首先要有整体观念,从画面的总体色调着眼来安排色块的关系,大的色块关系要符合整体色调,不应顾此失彼,过多强调局部的色彩变化而失去与整体的统一。为了防止花、乱的毛病,在正式画写生之前,可以先画几幅小色彩稿,用较大的笔概括地画出对象的色块关系,以寻求某种色调。有了这样的小色稿作基础,画大幅写生时能够心中有数,比较能明确地把握色调的关系。另外,在深入刻画阶段容易出现花,这时要注意局部和整体统一协调,不能陷进细节而忘了整体。还要注意的是,画面上最亮、最暗或纯度很高的色块,在安排时要谨慎处理,分清主次,有聚有散,有疏有密,千万不可杂乱,随处都有,应尽量把对比强烈、色彩鲜明的部分,安排在视觉的中心部位,使其突出。

第八章

水彩画表现技法

第一节 水彩画概述

水彩画作为西洋画法传入中国,目前已有200多年的历史。它工具简便、用途广泛,是一个具有很强艺术性的画种。水彩画既可以作为绘画的启蒙与入门的初步,也可以由此步入辉煌的艺术殿堂。

水彩画是以独特的纸笔为材料、工具,以水为媒剂调色,通过"水"和"色"的相互作用,使画面具有水色交融、透明轻快、淋漓滋润、流畅洒爽的特色与韵味的一种画法,水彩画用色的和谐淡雅,笔触的轻柔洗练,能使其雅俗共赏。人们常常把水彩画比做轻音乐或抒情诗,可见水彩画的独特艺术魅力。

19世纪英国著名水彩画家和理论家拉斯金曾作过这样的描述:"水彩在画家的处理下,水滴和它明快性质所形成的幻想与造化,溅泼的痕迹,凝结的色块,以及斑斑的粒状,虽然对于画面的表现没有什么意义,但由它偶然产生的梦境似的造化,清新的趣味,明丽的色调与松柔的感觉,是其他材料所没有的。"他高度概括地阐明了水彩画的特点。

水彩画创造了独特的艺术效果,其表现手法、制作技巧是极为丰富多样的。画好水彩画,除了具备造型、色彩的基本功以外,还必须熟练地掌握水彩画的个性(如水性、色性、纸性、时间性等),运笔的技巧,以及利用其他辅助工具进行表现的特殊画法等。对于初学者来说,只要掌握了水彩画的性能,就一定能够得心应手。(参见彩图84)

第二节 水彩画的工具与材料

一、纸

水彩画的用纸要求比较高,纸是给水与色产生效果的园地,因作画时大量使用水分,只有质地比较厚实的画纸才经受得住水的浸湿,并呈现出水分的流畅与润泽感。纸质的优劣,直接关系到水和色的表现与掌握的难易,甚至关系到一幅画的成败。所以,水彩画家对纸的选择是十分谨慎严格的。

水彩画纸品种繁多,粗纹与细纹、厚纸与薄纸、白色或浅灰、淡黄等,大小不一,种类齐全。过薄的纸接受水分的能力差,遇水后会凹凸不平,造成水分与颜色淤积;太光滑的纸，又不易控制水的流动；吸水性强的纸，则无法使水色渗化，会产生明显的笔痕水迹。一般来讲，粗纹纸较硬，很适合干画法；细纹纸较软，适合于湿画法，画者可根据具体情况适当选用。

二、颜料

水彩颜料是以磨成极细的粉状颜料加甘油、树胶、福尔马林、水等调制而成。它与水粉颜料比较接近，不同的是它不会有白（粉），不像水粉颜料有很强的粘着性和遮盖力。

水彩颜料经水稀释后，可以形成薄薄的透明色层，显得十分晶莹、清澈而透明。好的水彩颜料，应是色彩鲜明而着色力强，同时容易和水混合渗透，能在适当的时间干燥，不易脱落。尤其颜料的粉末、比重都应该均匀，不致产生色素分离，或因沉淀速度不同而引起缺陷。

市场上出售的水彩画颜料有两种：一种是一般小学生用的干块状颜料，装在带调色格子的纸中；一种是锡管水彩色。锡管装的颜料使用方便，易于调色。另外，还有一种供设计与制图用的彩色墨水，色粒极细，彩度很高，适用于泼彩与渲染大幅作品。

水彩颜料经水调和后，较多的颜色是透明或半透明的。其中，尤以普蓝、玫瑰红、翠绿、青莲、柠檬黄、群青等色最为透明；大红、草绿、深绿、西洋红等色次之；土黄、土红、熟褐、煤黑、赭石、钴蓝等色不很透明，若加些水调和，降低其浓度时，亦可使其达到较透明的效果，但比不上其他颜色的透明度。

作画时，要注意有几种水彩颜料易于干结，干结后龟裂或呈颗粒状，妨碍调色。最容易干结的颜料有普蓝、酞青蓝、深绿、煤黑等。为了防止这种干结现象，每次用完以后可稍滴水，使调色盒里的颜料润湿，或用海绵吸饱水分以后盖在颜料格子上，以保持盒内湿度，避免颜料干结。

有些水彩颜料容易变色、褪色。如玫瑰红、青莲最为显著，藤黄、橘黄、草绿次之。有些颜料受潮或阳光照射过多，也会容易变色。这除了颜色本身的原因之外，所用的纸也是个原因。为了避免褪色，一是画面应避开阳光的照射；二是保存时尽可能少与有湿度的空气接触，免受潮湿；三是作画时注意易变颜料的使用。

此外，还应当注意的是，水彩画颜料中，有些颜色侵蚀性很强，如玫瑰红、深红、翠绿、青莲等，落笔后不容易洗掉，在调色盒中存留稍久，就无法洗净，所以用后应立即洗去，以免影响调色。

三、笔

水彩画笔，一般用狼毫或兔狼毫制成。笔型种类很多，有尖头、圆头、平头、斜头和扁笔之分。初学水彩者一般备有大、中、小号各一支和小号底纹一支就可以了。另外，中国的羊毫、狼毫、水粉笔、油画笔都可以用来画水彩。如有时用水粉笔切画出方形笔触及平整的块面画面；有时则利用油画笔的力度洗涤画面等。对工具的灵活运用，会产生丰富的画面效果。（参见彩图85）

笔的选择，主要看笔尖是否纯净、顺挺，笔尖与笔肚是否比例匀称，笔杆是否挺直。

水彩画笔的选购范围极为广泛，很多中国画用的毛笔也是极好的水彩画笔。

四、辅助工具

水彩画的辅助工具,主要有调色盒、水盂(小塑料桶)、画夹或画板、画箱、三角凳、小刀、橡皮、海绵等。

海绵是水彩画的特殊工具,用来洗刷画面或吸去水分,有时也可以当作画笔进行涂色、减色、统调等。

水彩画有很多特殊的表现技法。这些技法需要的特殊材料有:蜡笔、油画棒、色粉笔、白蜡、压力克、蛋浆、盐、沙、松节油、胶水、木屑等。

第三节 水彩画的基本技法

一、调色方法

水彩画颜色的调配,一般有混合法、并列法和重叠法等几种。

(一)混合法

把不同色相的颜料,在调色盘中以水混合稍加搅动,不要完全搅匀即可画到纸上,使其趁湿混合,形成所需要的色彩。采用这种方法,必须注意以下几点:(1)颜料的种类不宜太多;否则,颜色的色性和色度都会减弱,甚至混浊。(2)颜料不宜调得过厚,不可像水粉颜色那样调配,要有一定的水分使色彩保持其透朋和韵味。(3)调色时,可将颜色调得比你画面所需色彩稍强烈与重一些,等色干后色感与明度稍减,恰到好处。

混合法还有一种方法,就是笔上混合与纸上混合。笔上混合是估计好需要的色彩,将几种颜色同时蘸在笔上,一笔下去,让笔上的几种颜色在纸上自然混成、渗化,有时能产生意外的效果,这需要有一定的作画经验,在具有一定的基础后才能掌握。纸上混合是将颜料蘸在纸上,再用笔调水去糅合,此法也可以调出所需要的色彩,在水彩画中经常使用,有特殊的色彩效果,但也需要有一定的经验。(参见彩图86)

(二)并列法

并列法是用色点和小色块,将不同色相的颜色经水调和直接并置在画面上,具有色彩鲜明亮丽并富有装饰性的特点。这种方法亦称"空间混合"与"视觉混合",即将色彩并列于画面。如用蓝色与黄色交替并列画面,在一定的距离看上去就是绿色的感觉。印象派画家莫奈、西斯莱等善用此法,能使色彩产生斑斓的感觉。(参见彩图87)

(三)重叠法

利用水彩颜料透明的性能,以两色相叠产生第三种色相,并可多次重叠产生丰富的色彩效果。如画天空,基本色调是淡蓝的,但有阳光感,可先画一层带暖昧的淡黄色或淡红色,待干后再涂上一层天空的蓝色。这样,不仅使天空避免变成单调的纯蓝色,而且能表现一定的阳光感和空气感。重叠法是一种传统技法,早在19世纪画家们就广泛应用了,尤其画大面积的天空或背景时常用。(参见彩图88)

二、用笔方法

水彩画用笔的丰富性与作画用水关系极大,与水粉用笔的贴、摆不一样,它运用提、顿、按、折、涂、扫、勾、点等手法,通过渗化的水分使效果多样化。笔上的功夫是绘画的技法基础,在所有的绘画中,笔都起着造型达意的作用。水彩画用笔的难点是控制笔迹与水渍,水渍的"硬边"由于水分过多淤积而成,因此要结合形体表达灵活多样的用笔。水彩画运笔时,应注意以下几个方面。

(一) 轻重

轻,是指运笔轻柔灵活。如表现摇曳的柳条或轻云薄雾等,须多用侧锋,用笔要潇洒自如,不可刻板拘泥而失去神韵。

重,一是指色彩明暗的重;二是指用中锋,中锋运笔色饱笔苍,力度强,笔下的效果有一种厚重感。

用笔的轻重,可以表现物体的远近、虚实、明暗的变化,一般近、实、暗较重,反之较轻。(参见彩图89)

(二) 缓急

缓,是指用笔徐缓稳健。

急,是指在捕捉色彩和铺大体色时,胸有成竹,下笔果断,运笔敏捷。

行笔要流畅中见沉稳,沉稳中见流畅,要意在笔先。行笔中要充满激情,根据不同的表现对象,采取不同的运用方式。切忌四平八稳,无论画到哪里都是不急不慢,应视具体内容有快有慢地用笔。(参见彩图90)

(三) 竖、平、侧、顺、逆

运笔的技巧除掌握速度与力度之外,还要根据物象的形态特征,灵活地使用笔尖、笔腹、笔根以及下笔的角度,或竖、或平、或侧、或顺、或逆,这全凭作者对物象的观察、体会与经验来灵活掌握。所谓笔下生花,就是形容下笔的轻重缓急不同和皴擦揉扫的角度变化,所产生的千变万化的笔触情趣与艺术效果。(参见彩图91)

三、基本画法

(一) 干画法

干画法是在干底子上着色。由于在干底子上着色,常用分层着色方法。其特点是步骤稳当,便于控制水分,色块平整清晰,色相肯定,具有装饰性。干画法主要有以下几种方法。

1. 平涂法

平涂法在水彩画着色中比较简单、常见。这种画法要求在作画之前,须对各色块之间的色彩与明暗关系进行仔细观察推敲,落笔前要心中有数,不能反复涂改。同时,须调配足够的颜色,用平笔(底纹笔等)大面积地均匀平涂,或平涂中带不露笔触与纹理的层次推移,用水要适当,否则颜料易流淌不匀,甚至出现水渍,破坏效果。

平涂画法一般不侧重自然明暗法的写实描绘,而采取分割、平面化、简洁形体、强调色块对比的表现手法,具有简练、概括、单纯和装饰性的画面效果。

2. 干后重叠法

干后重叠法是干画法的主要着色方法。它利用水彩颜料透明的特点,层层加色来描绘,使色彩丰富、厚重,是属于纸上混色的技法。这种画法要注意在重叠色彩时,用笔要果断准确,下笔肯定,起笔干脆利落,不可在纸上犹豫而涂来涂去,否则,会将纸上的底色泛起,或搅混变脏和不透明。掌握好的话,可以多次重叠,既能保持水彩的清新与透明,又能达到一般画法所没有的厚重感。

重叠法,一般多先画亮色后叠罩深色,层层推移、深入,但在作画过程中,为了及时肯定暗部的位置,也要先画暗部,而后再罩上一层亮部的色彩。(参见彩图92)

3. 分割法

从整体出发,在画面上把明暗、色度分割成若干区域来处理,这种方法概括性强,不为细小的局部所干扰,使画面具有简练、单纯的感觉。该法要求画者在作画时,要大胆概括、取舍、提炼,要用抽象的意识来观察对象,不应被写实的框框限制住。(参见彩图93)

4. 接染法

在表现色彩的明暗或色相变化时,利用两块色素不同的色块在潮湿时相接,使其自然渗透融合,产生自然的色彩变化与层次推移。这种画法要根据衔接的虚实需要决定水分的多少。这是水彩画技法中最常用的方法之一,也是最富经验与技巧型的画法。(参见彩图94)

(二)湿画法

湿画法能真正体现水彩画的特性,充分发挥水的功能,它是水彩画家竭力追求和迷恋的广阔天地。湿画法的主要技法有下列五种。

1. 渲染法

渲染法是水彩画最基本和最主要的表现方法。它可以作精细的层层涂染、步步深入,也可用稍饱满的水色有控制地使其水色交融、渗化,产生出滋润、柔和、妍丽而又浑厚的感觉。渲染是踏上水彩画征途的第一步,也是贯穿作画始终的大法。

渲染可用湿纸或干纸。湿纸渲染一般用于表现大块而整体的形体,或表现朦胧的效果。因为它渗化力强,多随其自然渗化以求得自然多变的画面效果,作画时有一定难度,不好掌握,不宜于具体细节的塑造。干纸渲染比较容易控制渗化的范围与造型,在遇到细部时,需要再减少水分,减少渗化,甚至可用干画法先将关键的细部画好,或留出空来再做渲染。在不少情况下必须采用干湿结合法。

渲染一般从一物体的边界或从明暗交接部位起或止,从深到浅,或从浅到深,在相继的笔触中,根据明暗与色彩的变化调入适量的色与水,逐次推移完成色彩调子与形体空间的塑造。在渲染过程中,要时刻注意笔中含色量的多少,同时应注意下笔的角度(平、竖、侧、顺、逆)和行笔的速度与轻重所产生的画面效果。(参见彩图95)

2. 湿时重叠法

这是根据水彩画用水调色的特点,趁画面水、色未干时进行重叠着色,使色彩柔和润泽,笔触含蓄,由于色彩的补充而达到理想的效果。它适用于表现形体圆润、质地平滑细腻、明暗对比不强的物体。在画大体色调时也常用此法。(参见彩图96)

3. 湿时连接法

这是趁湿不断连接色块来表现对象的方法。采用湿时连接法着色,颜色相互浸润、渗透,衔接自然,溶为一体而有变化,既可用于画面铺色,也可用于局部刻画,较适宜于速写性的水彩画,有一气呵成与生动活泼的特点。该法通常一次完成,不做过分的加工、修饰,

对锻炼观察力、捕捉顷刻即逝的形象极有好处。(参见彩图97)

4. 湿时点彩法

这是趁水、色未干时用色点作补充,利用水的流动性,使色点与水自然融合,求得色彩变化。在色点补充的时候,点与点之间应根据需要保持一定的距离,如果色点太密集就会变成色点的色相,破坏原来色彩的整体感觉。因此,点色时宜稀疏交叉为好,视具体情况灵活掌握。

5. 沉淀法

沉淀法,亦称"颗粒法",是一种利用水色调和,经水浮动,有些色浮在上面,有些色沉淀到下层画纸的纸孔里面,正好形成水彩画一种特有的沉淀效果。这种方法对表现大面积的天空或背景色极为有利,能画出空气感和色层变化。运用这种方法,必须具备三个条件:一是调色水分要足,纸的表面浮上一层薄薄的水和颜色;二是要选用几种易于沉淀的颜色,如群青、土黄、土红、熟褐、湖蓝等;三是画纸的纸纹要粗,如果纸质的肌理好,能产生很美的沉淀纹理。一般的水彩画纸,纸纹不理想,可用软橡皮在需要沉淀着色的地方,轻轻地擦一遍,以不损坏纸质为度。着色时将画板倾斜15°,斜度不宜太大,也不宜平放。(参见彩图98)

上面介绍了干、湿两类的基本技法,但在实际作画的过程中,常常是两种方法结合使用,只是有些画偏重于干画,有些画偏重于湿画。

干、湿画法结合使用的一般方法,可以归纳为:先湿后干、远湿近干、宾湿主干、软湿硬干、虚湿实干。即作画开始时,铺大调子多用湿画法,画远景和次要的部分以及柔软光滑的物体以湿画法为宜。处理虚实,虚的部分湿画,实的部分干画。凡是近景、主体物、坚硬结实的物体以及形体结构分明的物体,适宜用干画法。

第四节 水彩画的作画步骤

水彩画的作画步骤有别于水粉、油画,是由于水彩画的自身材料特点决定的。水彩画是用水,它不宜多次叠色,常常要趁湿完成,有时不允许慢慢思考,而有时又须耐心等待。调色作画,要充分掌握画面的干湿程度。因此,对于步骤的衔接不那么清晰,但又需思考周密。对初学者来说,要有程序、有计划地来作画,切忌不假思索地涂抹。

一般来说,作水彩画分为准备、构图、着色、调整充实四个阶段。这四个过程是连续地一气呵成,不可机械地分开,每个阶段都有明确的要求和目的。

一、准备阶段

准备工作包括做好工具、材料的物质准备,但更重要的是对所表现的对象要有一个充分的精神准备。作画之前,要对描绘对象做一个全面仔细的观察。通过观察、分析、酝酿,在头脑里形成想表现什么、如何表现的构思。古代画家十分强调"意在笔先",这对作画是很有指导意义的。作画前的感受、构思,胸有成竹的作画状态,是一幅画成败的关键。尤其是水彩画,由于它的特性,画面不宜做过多的修改,更应考虑周全,精心设计,如先画哪里，后画哪里，哪些地方用干画法，哪些地方用湿画法等，把这些问题考虑成熟后，才可以大胆落笔。

二、构图轮廓阶段

任何画面的效果，都是通过构图来体现的。构图是表达构思与形式美的第一步，轮廓是塑造形象的开端。构图时应根据构思的要求取景，要注意位置的大小、物体的主次关系、色彩调子、对比关系、虚实关系等，必要时可以大胆地取舍，甚至移景，一切手段都是为取得完美构图而服务的。

构图的形式确定后，可用 1B～3B 的铅笔起稿，千万不要用 H 的铅笔，因为它的硬度会将纸底刻下笔痕，改动时也不易擦掉。起稿的铅笔头要保持细尖，才能细巧而准确，轮廓线不宜画得过重，只要有一定的清晰度即可。轮廓要画到什么程度，要根据画法和表现内容而定。如用泼彩画流云，只需轻轻标个部位即可；画工整的建筑、树干等，则要具体细致地描绘，并分清层次和虚实，为着色提供方便。一般来说，对形体结构比较复杂的物体，轮廓阶段要细致、具体，否则将会给着色带来麻烦。（参见彩图99）

三、铺大体色阶段

这一步是按照轮廓，迅速而果断地将新鲜的感受体现于画面上，抓住大的形体、色彩、明暗节奏关系与突出的效果，不可因拘泥细节而失去生动性和整体感。

（一）铺大体色应注意的问题

(1) 从主体开始，因主体是画的核心，是校正其他部分的依据。

(2) 从主体的亮部开始，留出高光，从高光处层层渲染，直至明暗交界线。

(3) 从暗部的交界线开始，向暗部与投影铺开。

这是因为，暗部和投影是体现物体空间深度与体积的，交界线是从亮部转入暗部的形与色的转折关系，一旦表现出这一关系，物体立即产生体积感和空间感。

另外，铺大体色时笔端的水分一定要充足，用笔要大，迫使作者从整体出发，不停留在一处细描慢画，因为在一处停留久了，别处的颜色就干了，不利于趁湿衔接。但有些轮廓分明，需等水、色干后再加工处理的部分，不妨暂时空出来，留待水、色半干或全干后再画。

（二）铺大体色的特点

(1) 把握基本色调。

(2) 采取湿画法较多。

(3) 用笔宜大不宜小。

(4) 力求概括。

铺色时，如果色彩没画准，应趁湿及时调整。若发现某些部分已半干半湿，就不能再落笔改动，以免产生斑斑水渍，可等它全干后再作调整。铺大体色是很重要的一步，若这一步画得比较正确，下面深入再画就比较顺利了。（参见彩图100）

四、深入刻画阶段

深入刻画，是指抓住能充分表现对象形体特征、精神特征和质感的部分，进行充分表现。深入刻画是使画面更趋完整、协调、集中、突出的处理,它也许是加强某些部分或减弱某些部分。

一般来说,深入刻画从主体物入手,在刻画局部的同时必须照顾到整体,不可顾此失彼,陷入琐碎的细节之中。深入刻画可采取干、湿画法并用,使画面保持湿润的感觉。这个阶段要防止画面"死"和"腻"。这种情况的出现,是由于局部刻画时,不能概括地抓住对象的精神,反复地"描"和"磨",企图把对象表现充分、细致,结果不仅导致"死"和"腻",而且还容易出现"脏"和"粉气"。

深入刻画阶段基本上采用干画法,重点是刻画物体的精彩部位,用笔要十分讲究,不应平均对待,要见好就收。(参见彩图101、彩图102)

五、调整收拾阶段

大量的工作已在前几步完成,如果前面完成得较好,这一步就无须多费笔墨。若前面匆促与疏忽,那么这一步就很有必要,需要细心地检查在哪些方面有问题。如有些属于形体结构方面的,有些属于空间或虚实方面的,有些属于色彩用笔方面的等。发现问题,该加强的加强,该减弱的减弱,做一些重点处理,不可到处增减或改动,落笔要谨慎。

总之,最后的调整阶段,要注意提炼取舍,不能平均对待,要多看少画,落笔扼要,达到"画龙点睛"的效果。最后收拾得好,有时往往会挽救残局,顿时生辉。如有些画在作画的过程中似乎很平淡,但经过最后的画面处理,一下子显得十分生动精彩。但也有些画开始画得比较顺利,效果也不错,最后东加一笔,西加一点,反而不如原来的效果好了,可见最后处理的重要。(参见彩图103)

第五节　水彩画的特殊技法

前面介绍了水彩画的常用基本技法。在实践中,画家们为了在作品中创造某种特殊的效果,探索出了很多特殊的水彩画表现技法,下面作简要的介绍。

一、空白法

利用油画棒或蜡笔含有油质的不吸水性,使水彩颜色碰上去后会自动让开,并形成空白。或者利用薄胶液的不吸水性,涂出需要先空白的地方后在其周围上色,颜色干后刮去胶液,在留出的白纸上接着再画。这种方法常用来留空和飞白,可以留出线、点、面和枯笔,便于表现草丛、树林、建筑物的高光和形体等;也可以在白底上留空,在浅色上用同样的方法留次亮和再次亮色;还可以用彩色蜡笔和油画棒,现出油水不相融的特殊形态与肌理效果,给画面增添异彩。(参见彩图104)

二、浆彩法

水彩本是最富有流淌与渗化特点的,画家们为了追求特殊效果,有时不用水而用稀薄的糨糊调色,产生深厚凝重的感觉。同时,可以采用厚画,表现出油画般的笔触,或用刀刮白,显出一种轻快洒脱的刀痕。掺入糨糊调色的方法,会增强笔触的效果,同时亦能控制水分,对透明度没有什么影响,有利于形体的塑造。

三、油彩法

油彩法,是利用油和水不相融的性能,在笔上饱蘸水彩后再将笔蘸上松节油作画。油比水更快地被吸进纸内,于是饱含颜色的水珠,就成点状、线状、块状的不定形态凝聚,产生斑驳多变的特异效果。这种方法在水彩画中多用于表现某种恰当的肌理,如地面、山岩、木板、树皮等。(参见彩图105)

四、丙烯颜料画法

丙烯颜料是一种塑性颜料,它能与水调和,干后不再溶于水。它可以用任何纸、纸板、木板、塑料、玻璃或绢与布作画,颜色干后能保持湿时的色泽与彩度,它的黏着力强,干后不易脱落,不怕水,不怕揩擦。它可以渲染和泼彩,层层着色而不会将下层色翻起来,还可厚画,仍保持色彩鲜艳而不龟裂。

丙烯颜料完全可以用水彩画的技法画出与水彩相同的效果,需要注意的是它在调色盘中离开了水,很快就会干硬,再也无法溶解,所以作画时要十分谨慎,不用的笔和色要泡在水中,用过的笔应立即洗净。一旦掌握了它的特点,用它去画水彩,可以产生精彩的画面效果。

五、吸附法

将吸水性的物品撒在潮湿的画面上(如盐粒、面包屑等),干燥后将其刷掉,留下的白点恰似棉絮、雪花,控制其大小、疏密和方向,可获得更多的效果。海绵、吸水纸与丝瓜瓤等也具有吸水性与储水性,可以蘸上颜色后在纸上或未干的色层表面按、拍、滚动,所出现的特殊水色效果用以表现石、沙、草等肌理。不同布料蘸上颜色,也会产生有规则的点、网纹,表现相应的物体。(参见彩图106)

六、绉纸法

绉纸法,是将宣纸之类薄而软的纸,用两手轻揉起绉,再用色相不同的枯笔在绉纸上画线、面、天空、背景和树叶等,然后将纸裱平,就会出现一种既有规则而又不规则的花纹与肌理,有很强的装饰性和表现效果。

七、粉彩法

水彩颜料增加白粉会减低透明度,多用了还会出现"脏"或"粉气",对初学者来说最好不用,但若使用得当,做部分点染,可以产生较好的效果。有的水彩画在着色前,将纸面上先铺上一层薄薄的水粉,等全部干了以后再用水彩色着色,这种方法不仅能获得特殊效果,而且有助于沉淀法的使用。

八、吸洗法

在颜色未干的时候用吸水纸、海绵、画笔吸去颜色，吸掉颜色的多少可根据具体画面需要灵活掌握，以达到效果为宜。吸的方法主要是用来提取明部浅色或暗部的反光，须在水、色未干时进行。洗的方法，可以把笔上的水分挤掉或以海绵洗刷画面的某处，意在洗出高光部分或反光部分，使之柔和；也可以用作大面积的洗，使画面统一调子，然后再进行调整，如画天空云彩等。吸与洗不宜多用，用多了会使画面疲弱无力。

九、刮法

刮的方法可在着色前或着色后进行。着色前先在纸上用刀、针、笔杆等按照需要刮出划痕；着色后，划痕处立即出现较深的颜色。它表现远景模糊景象或者隐约可辨的细节效果较好。着色之后，当留白效果欠佳或洗涤有困难时，可以刮除底色，产生飞白。刮的方法能产生亮线、亮点，适于表现树木、草丛、浪花以及各种细腻的纹理。

另外，在不同干湿的纸上刮出的痕迹也不同。刮的时候须掌握画面干湿程度：过湿，刮过的地方很容易被水、色淹没，达不到飞白效果；过干，一般的工具就刮不出来，只能用锋利的小刀在干纸上硬刮。湿刮与干刮能产生不同的纹理效果，可视具体画面掌握。

十、对印法

对印法是在玻璃板上根据事先的构思大体铺出颜色，水色要充足，然后将画纸覆在玻璃板上，用手轻按之后揭起画纸，画纸上便对印出十分独特的纹理效果。再利用这些色彩效果稍做加工整理，便出现一幅奇异效果的水彩画。在水彩画制作过程中，也可以局部使用对印法，以达到一种特殊趣味。

参 考 文 献

1　柴海利．画家之路(素描)．南京:江苏美术出版社,1989
2　柴海利．画家之路(色彩)．南京:江苏美术出版社,1989
3　王杰．石膏像素描．河南美术出版社,1992
4　葛绍纲．素描基础知识．岭南美术出版社,1993
5　梁蕴才,高祥生．钢笔画技法．南京:南京工学院出版社,1982
6　冯健亲．色彩．南京:江苏美术出版社,1994